박미란 고수에게 배우는 가정간편식 응용요리

세상 편한 집밥

박 미 란 지음

dcb
대경북스

세상 편한 집밥

지은이 / 박미란

기획 · 진행 / 이명아(fiecom)

스타일링 / 정소진(Food Project Lyn)

사진 / 최해성(Baystudio)

표지 · 본문 디자인 / 김영대

초판발행 / 2018년 7월 20일

초판2쇄 / 2019년 1월 15일

발행인 / 민유정

발행처 / 대경북스

ISBN / 978-89-5676-651-5

「이 도서의 국립중앙도서관 출판예정도서목록(CIP)은 서지정보유통지원
시스템 홈페이지(http://seoji.nl.go.kr)와 국가자료공동목록시스템
(http://www.nl.go.kr/kolisnet)에서 이용하실 수 있습니다.
(CIP제어번호: CIP2018022236)」

dcb 대경북스
등록번호 제 1-1003호
서울시 강동구 천중로42길 45(길동 379-15) 2F
전화: (02)485-1988, 485-2586~87 · 팩스: (02)485-1488
e-mail: dkbooks@chol.com · http://www.dkbooks.co.kr

박미란 고수에게 배우는 가정간편식 응용요리

세상 편한 집밥

박 미 란 지음

가정간편식,
어디까지 드셔보셨어요?

밥은 '집밥'이 제일 맛있고 건강에도 좋습니다. 그러나 안타깝게도 집에서 밥을 싯고 반찬을 만드는 시대는 점차 저물어 가고 있습니다. 우선 너무나 빠르고 바쁘게 돌아가는 세상이라 밥을 하기는커녕 밥 먹을 시간조차 모자랍니다. 또 1인 가구가 급속히 늘어나 혼자서 끼니를 만들어서 해결하기에는 힘들고 귀찮아 선뜻 시도하기도 어렵습니다.

이에 따라 이제는 배달음식 또는 간단하게 데우거나 끓이기만 하면 바로 조리가 끝나는 음식물을 선호하게 되었고, 이런 추세에 맞춰 다양한 간편식이 출시되고 있습니다.

간편식도 훌륭합니다만, 간편식이 늘어나는만큼 아무래도 집밥에 대한 그리움과 가치가 높아지는 것도 사실입니다. 이 책은 여기에 주안점을 두었습니다. 즉, 맛과 품질이 보장된 간편식을 활용하여 요리경험과 기술과 시간이 없더라도 간단한 노하우만 더하면 집밥과 거의 같이 만들어 낼 수 있는 조리법을 담았습니다.

예를 들면, 갈비탕에 묵은 김치를 넣어 갈비 김치찜으로, 미역국·떡국 등은 물대신 곰탕 국물을 베이스로 하여 끓이는 등 쉽고 간편하면서도 맛과 영양을 모두 잡을 수 있는 방법을 소개하였습니다.

한복선(중요무형문화재 제38호 조선왕조궁중음식 이수자) 식문화연구원 수석 연구부원장으로, 식품회사와 홈쇼핑에서 20여 년간 활동하면서 배운 노하우를 아낌없이 공개하였습니다.

아무쪼록 맛있고도 영양가 높은 음식으로 가족의 건강과 화목을 지켜나가시기를 두 손 모아 기원하며, 이 책이 조금이나마 도움이 된다면 더 없는 영광이겠습니다. 감사합니다.

2018년 여름

박 미 란

가정간편식의 놀라운 세계

　가정간편식(HMR : Home Meal Replacement)은 말 그대로 가정에서 만드는 음식, 즉 집밥을 대체한 음식이다. 가정 간편식은 이제 너무 다양해져서 완전 조리 식품에서 반조리 식품까지 일일이 헤아릴 수 없을 정도이다. 대형마트, 편의점, 홈쇼핑 채널을 통해 구입할 수 있는 냉동식품과 상온에서 유통되는 레토르트 식품은 밥, 국, 찌개, 조림 등의 일상적인 음식에서 안주까지 종류도 다양하다. 밖에서 사먹거나 직접 만들어 먹는 음식과 비교해 맛과 식감이 떨어지지 않는 수준의 식품도 상당수이고 데우기만 하면 그야말로 신선한 맛이 그대로 살아나는 음식도 제법 많다.

　대형마트나 편의점에서 판매하는 제품은 1~2인용 포장이라 큰 문제가 없지만 홈쇼핑 채널을 통해 구입하는 제품은 세트 구성이 대부분이라 보관에 문제가 생기는 경우가 있다. 한꺼번에 냉동고나 냉장고에 많은 양을 보관하다 보면 공간이 부족하기 십상이고, 같은 음식을 반복해서 먹다보면 싫증도 나고 빨리 소진시키지 못해 처치 곤란이 될 수도 있다. 이럴 때는 아이디어를 조금 더해 색다른 음식으로 재탄생시킬 필요가 있다.

탕 도가니탕, 곰탕, 수육, 갈비탕 등이 대표적인데 국물과 건더기가 파우치에 같이 담긴 경우도 있고 건더기와 국물이 따로 포장된 경우도 있다. 도가니나 곰탕 수육이 따로 포장되어 있다면 부추나 쪽파 등의 채소를 더하고 양념간장이나 매콤한 양념장으로 무치면 멋진 일품요리가 탄생한다. 갈비탕은 우거지를 넣어서 우거지탕으로 만들거나 무, 미역 등을 넣어 색다른 국으로 즐긴다. 곰탕이나 도가니탕의 국물은 각종 찌개를 끓일 때 육수로 쓰거나 죽에 고소한 맛을 더하는 재료로 사용한다.

김치 배추김치, 깍두기, 총각김치, 열무김치, 갓김치 등이 있다. 김치찌개나 김치국을 만들어도 좋고, 볶음밥, 잔치국수, 비빔국수, 비빔밥 등의 재료로 활용한다. 잘 익은 배추김치는 비린맛이 강한 고등어나 꽁치 등의 조림을 만들 때 요긴한 식재료 역할을 톡톡히 하며 등갈비나 돼지갈비를 넣어 지지면 근사한 묵은지찜을 만들 수 있다. 열무김치에 강된장을 더해 비빔밥을 만들어 먹어도 좋고, 차갑게 식힌 멸치육수를 더해 열무김치말이 국수를 만들어 먹어도 좋다.

양념육 불고기, LA 갈비, 토시살, 꼬리찜, 우양지 구이, 양념 부채살, 양념 갈비살 등 의외로 다양한 제품군을 자랑하는 양념육. 포장된 상태 그대로 해동해 프라이팬에 구워먹는 것이 가장 일반적인 조리법이다. 불고기는 물과 간장 등을 더 넣고 뚝배기불고기로 재탄생시키기도 하고 배추, 양파, 버섯 등의 재료를 더해 전골로 활용한다. 갈비나 꼬리찜 제품은 포장된 그대로, 혹은 매운 양념장을 더해 매운 갈비찜으로 즐긴다. 부채살, 갈비살, 살치살, 토시살 등 특수 부위 제품은 채소를 더해 볶음요리로 재탄생시킨다. 토마토소스나 생크림소스 등을 더해 피자나 파스타, 퀘사디아 등을 만들어도 좋다. 새송이버섯, 아스파라거스 등을 돌돌 말아 굽거나 조리면 근사한 일품요리로 탈바꿈시킬 수 있다. 볶음밥, 잡채, 떡볶이 등 고기가 필요한 어떤 요리에도 활용 가능한 효자 아이템이다.

차 례

■ 탕 요리

■ 김치 요리

■ 양념육 요리

탕 요리

우거지갈비탕 | 육개장 | 뭇국 | 갈비미역국 | 된장찌개 | 고추장찌개 | 부대찌개 | 갈비만둣국
백짬뽕 | 떡국 | 떡볶이 | 도가니수육무침 | 곰국수 | 황태무죽 | 채소죽 | 무조림

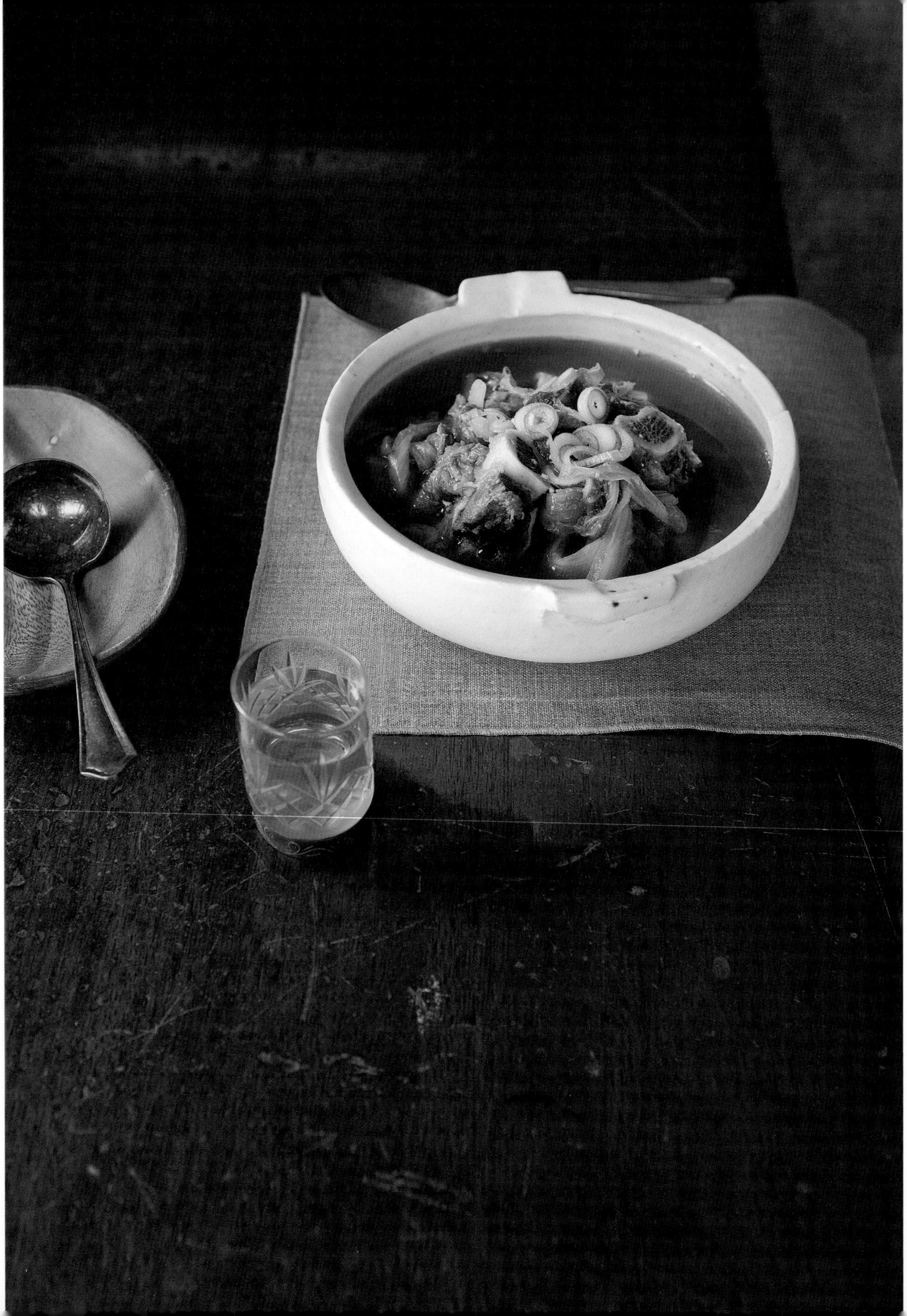

우거지갈비탕

두툼한 갈비 살점에 얼큰한 국물 맛이 배어들어 밥
한 그릇 거뜬히 비우게 하는 별미. 양념장에 고춧가
루를 넣어 얼큰하고 진한 국물맛을 살린다.

/주재료/
갈비탕 1봉 (600g)
물 4컵
우거지 150g

/부재료/
대파 1대

/우거지양념/
된장 1½큰술
국간장 1큰술
다진 파 2큰술
고춧가루 ⅓큰술
다진 마늘 1큰술
참기름 ½큰술

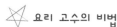 **요리 고수의 비법**

김치 담글 때 떼어낸 푸릇푸릇한 겉잎을 삶아서 냉동 보관
해두면 우거지갈비탕을 끓일 때 요긴하게 쓸 수 있습니다.
김치를 담그지 않더라도 배추 한 통 사서 노란색 속잎은 쌈
을 싸서 먹거나 샐러드에 쓰고 겉잎으로 우거지를 만들어두
면 좋아요. 우거지가 없다면 알배추 속대를 넣어도 좋고 얼
갈이배추로 만들어도 괜찮습니다. 된장과 고춧가루의 비율
은 개인의 취향에 따라 달라져요. 얼큰한 것이 좋다면 청양
고추를 썰어 넣으면 좋지요.

~~~~~~

만/들/기

1. 분량의 재료를 섞어 우거지 양념을 만든다.
2. 배추 겉잎을 삶아서 찬물에 헹궈 물기를 짠 우거지는
   4cm 폭으로 썬다.
3. 갈비탕에서 건진 갈비 건더기와 우거지에 우거지 양념
   을 넣고 무쳐 간이 배도록 한다.
4. 갈비탕 국물을 냄비에 붓고 물을 더해 끓인다.
5. 국물이 끓어오르면 ③을 넣고 우거지가 무르게 익을
   때까지 중불에서 끓인다.
6. 우거지가 나른해지고 국물의 농도가 알맞게 졸아들면
   대파를 어슷썰어 넣고 맛을 보아 부족한 간은 소금으
   로 한다.

13

육개장

진한 국물 맛을 내는 육개장 비법은 바로 도가니탕 국물을 더해서 끓이는 것이다. 고추장과 고춧가루의 양을 적절히 섞어 쓰는 것이 포인트. 고추장 양이 늘어나면 국물이 진하지만 텁텁할 수 있고, 고춧가루의 양이 늘어나면 개운하고 칼칼한 맛을 낼 수 있다.

 요리 고수의 비법

고기를 오랜 시간 끓일 시간이 없을 때는 불고기감에 다진 마늘과 고춧가루, 국간장 등을 넣어 조물조물 무친 다음 참기름을 조금 두르고 달달 볶다가 도가니탕 국물을 넣어 끓여도 좋아요. 육개장 특유의 달큼한 맛을 내려면 대파를 듬뿍 넣으면 됩니다. 대파는 길게 썰어 뜨거운 물에 살짝 데쳐 넣으면 좋습니다.

/주재료/
소고기(양지머리) 300g
도가니곰탕 육수 1봉

/부재료/
대파 400g
마늘 2쪽
청주 2큰술
국간장 4큰술
물 10컵
후춧가루 약간

/무침 양념/
국간장 2큰술
고추장 1큰술
다진 파 1큰술
다진 마늘 1작은술
고춧가루 · 참기름 2큰술씩
소금 적당량

만/들/기

1. 쇠고기를 찬물에 담가 핏물을 뺀 뒤, 두토막으로 자르고 냄비에 물, 마늘, 청주와 함께 넣어 무르도록 푹 삶는다.
2. 쇠고기가 익으면 건지고 국물은 따로 받는다. 고기가 한 김 식으면 먹기 좋게 찢는다.
3. 대파는 8cm 길이로 썰어 끓는 물에 데친 뒤 찬물에 헹궈 꾹 짠다.
4. 분량의 재료를 섞어 만든 무침양념을 찢은 고기와 데친 대파에 넣고 조물조물 무친다.
5. 쇠고기 국물에 양념한 고기와 대파를 넣어 중불에서 20~30분 끓이다가 도가니탕 육수를 붓고 한소끔 더 끓인다. 국간장과 소금으로 간을 맞추고 마지막에 후춧가루를 넣는다.

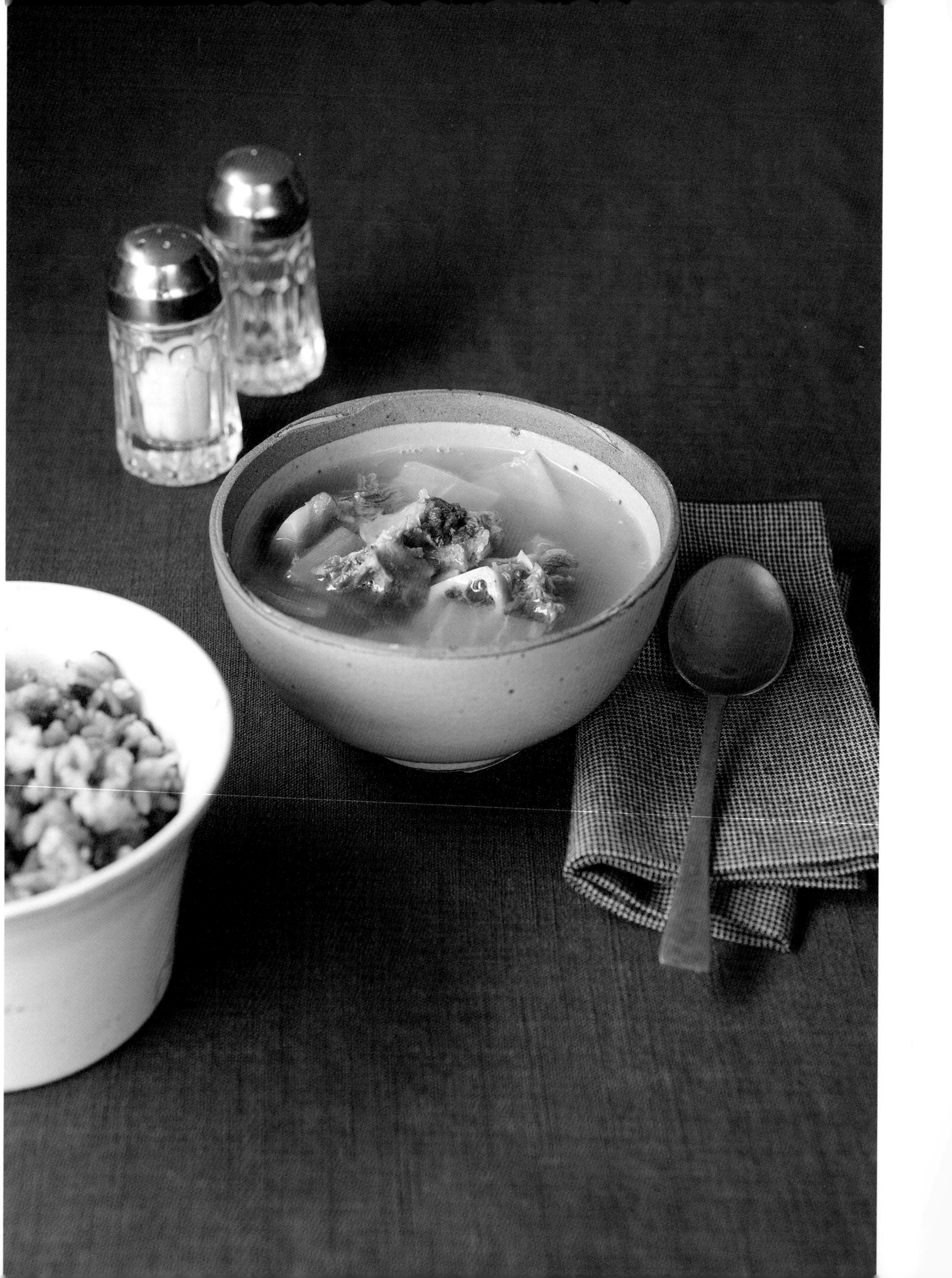

뭇국

갈비탕을 데울 때 무를 썰어 넣으면 국물 맛이 한결 시원해진다. 당면을 찬물에 담가 하룻밤 불렸다가 마지막 끓을 때 넣어도 좋다.

 요리 고수의 비법

뭇국은 고기를 볶다가 물을 붓고 끓이는 방법이 일반적이지만 자칫하면 국물이 탁하게 될 수 있어요. 이때는 끓이면서 떠오르는 거품을 부지런히 거둬내야 하는데 지켜보고 있기가 쉽지는 않죠. 갈비탕에 무를 넣어서 끓이면 좀 더 색다른 뭇국을 맛볼 수 있어요. 얼큰하게 먹고 싶다면 무에 참기름을 두르고 볶을 때 고춧가루를 넣고 함께 볶다가 갈비탕 국물을 부어서 끓입니다. 고춧가루를 넣고 볶을 때는 자칫 탈 수 있으니 불을 좀 약하게 조절해야 합니다.

/주재료/
무 300g
갈비탕 1봉(600g)
물 2컵

/부재료/
참기름 1큰술
다진 마늘 2작은술
국간장 1큰술
대파 1대
소금 적당량
후춧가루 약간

만/들/기

1. 무는 씻어서 3cm 폭으로 토막을 내고, 3×2.5cm의 네모꼴로 납작납작하게 썬다.
2. 냄비에 참기름을 두르고 무 썬 것과 다진 마늘을 넣고 한데 볶다가 무가 투명하게 익고 전체적으로 기름이 돌면 물 2컵과 갈비탕 1봉을 넣어 팔팔 끓인다.
3. 끓어오르기 시작하면 불을 약하게 줄여서 맛이 충분히 어우러질 때까지 끓인 다음 국간장으로 색을 내고 모자란 간은 소금으로 맞춘다.
4. 맛이 충분히 들면 파를 어슷하게 썰어 넣고 잠시만 더 끓여서 그릇에 담고 후춧가루를 곁들여낸다.

갈비미역국

진한 국물 맛이 일품인 갈비미역국. 찹쌀 옹심이나 조랭이떡을 넣으면 밥이 필요 없는 한 그릇 음식을 만들 수 있다.

/주재료/
마른 미역 50g
갈비탕 1봉(600g)
물 5컵

/부재료/
참기름 2큰술
다진 마늘 1작은술
국간장 1큰술
액젓 ½큰술
소금 적당량

 요리 고수의 비법

의외로 딱 떨어지는 맛을 내기 어려운 음식이 미역국입니다. 미역의 오돌오돌 씹히는 맛을 살리다보면 국물 맛이 제대로 우러나지 않기 십상이고 국물맛을 살리다보면 미역이 너무 퍼져서 죽처럼 되기 쉽거든요. 단시간에 깊은 국물 맛을 내려면 우선 밑간한 미역을 달달 볶다가 국물을 붓는 것이 중요합니다. 기본 간은 '청장'이라고 불리는 맑은 국간장을 쓰지만 맑은 액젓을 좀 섞어 쓰면 감칠맛을 제대로 살릴 수 있습니다. 국간장이나 액젓을 너무 많이 넣으면 색이 거무스름할 수 있으니 주의해서 조절해야지요.

만/들/기

1. 마른 미역은 물에 불려 건져 물기를 꼭 짠 다음 4cm 폭으로 썬다.
2. 손질한 미역에 국간장과 다진 마늘을 넣고 조물조물 무쳐 밑간을 한다.
3. 냄비에 참기름을 두르고 밑간한 미역을 넣고 볶아 전체에 고루 기름이 퍼지면 물을 부어 센 불에서 끓인다.
4. 펄펄 끓어오르면 갈비탕 국물과 고기를 넣고 불을 약하게 줄여서 맛이 충분히 우러나올 때까지 끓인다.
5. 국물이 뽀얗게 우러나면 액젓을 넣고 한소끔 더 끓이고 맛을 보아 싱거우면 부족한 간은 소금으로 한다.

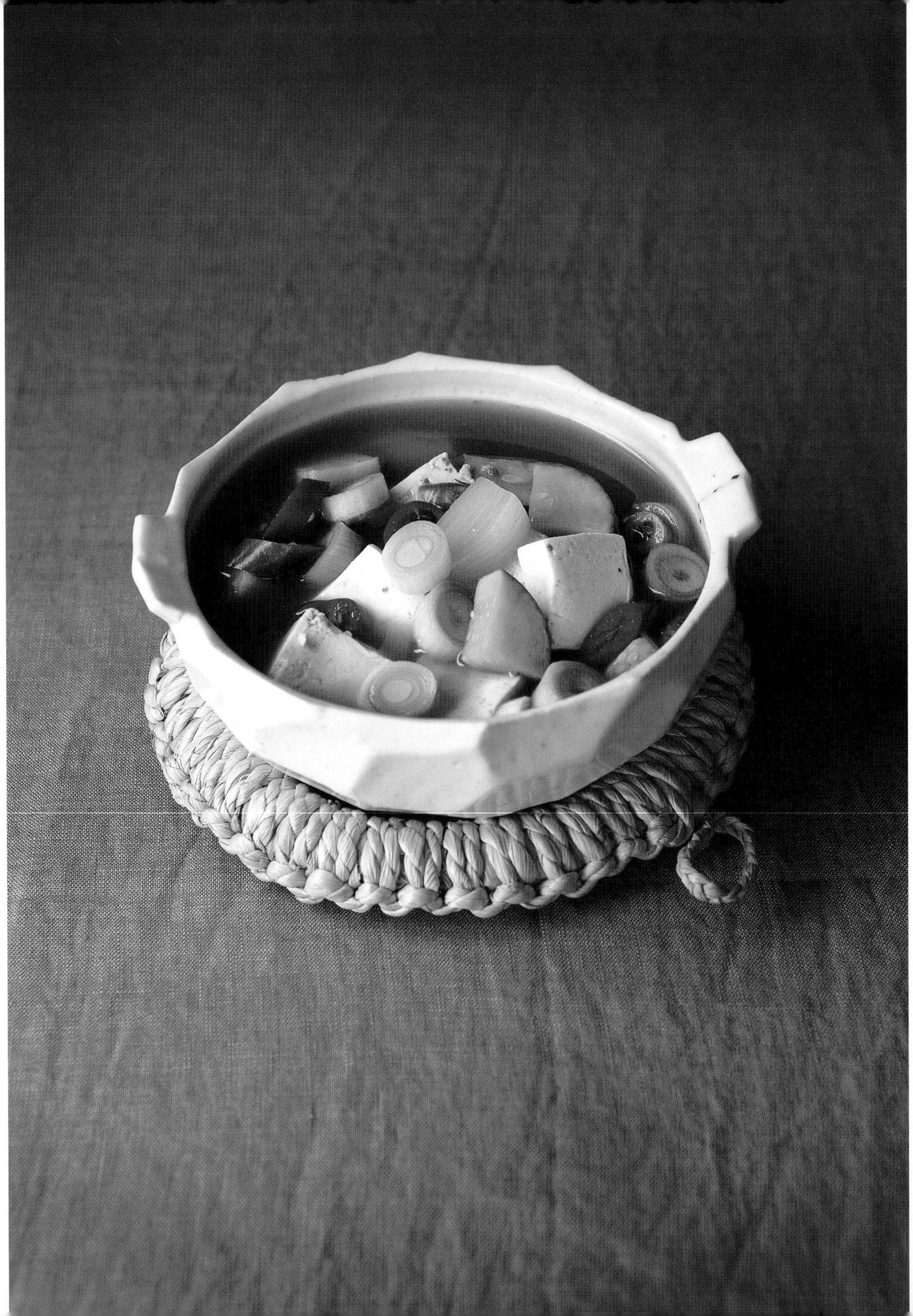

된장찌개

곰탕 국물로 끓이지만 의외로 기름지지 않고 국물이 맑은 된장찌개. 소고기 육수를 따로 준비할 시간이 없을 때 요긴한 방법이다. 위에 부담되지 않도록 삼삼하게 먹고 싶다면 풋고추를, 칼칼하게 먹고 싶다면 청양고추를 썰어 넣는다.

/주재료/
곰탕 국물 3컵
애호박 50g
두부 ¼모
양파 ½개

/부재료/
대파 ½대
풋고추 2개
홍고추 1개
다진 마늘 1큰술
된장 3큰술
소금 약간

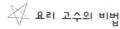 요리 고수의 비법

된장찌개에는 멸치육수를 많이 사용하지만 가끔은 진한 고기 국물로 끓여도 좋아요. 집된장은 좀 시간을 두고 끓여야 떫은 맛이 사라지고 구수한 맛이 살아납니다. 시판 제품은 반대로 너무 오래 끓이면 향이 달아나서 맛이 없어요. 제일 좋은 방법은 집된장과 시판 된장을 섞어서 쓰는 겁니다. 배합 비율은 입맛에 따라 다르기 때문에 몇 번 시도해보면 입맛에 맞는 양을 알아낼 수 있습니다.

만/들/기

1. 애호박과 양파는 사방 1.5㎝ 크기로 네모지게 썰고, 두부는 사방 2㎝ 크기로 썬다.
2. 대파는 송송 썰고 풋고추와 홍고추는 동그란 모양을 살려 썬다.
3. 냄비에 곰탕 국물을 붓고 된장을 체에 걸러 푼 다음 끓인다.
4. 국물이 끓어오르면 애호박과 양파를 넣어 살캉하게 익을 정도로 끓이다가 두부, 송송 썬 대파, 고추, 고춧가루, 다진 마늘 등을 넣어 바글바글 끓인다.
5. 국물이 적당한 농도로 졸아들면 맛을 보아 싱거우면 소금으로 간한다.

고추장찌개

분 오른 감자와 애호박에 맛이 드는 여름철에 더 맛
있는 찌개. 겨울에는 돼지고기 대신 조갯살을 넣고
끓여도 색다른 맛이 난다. 돼지고기를 넣을 때 따로
밑간할 필요 없이 고추장 양념장을 조금 덜어서 고기
를 무쳐 볶으면 한결 편리하다.

/주재료/
돼지고기(목살) 200g
곰탕 국물 4컵

/부재료/
감자 2개
양파 1개
대파 1대
풋고추 2개
홍고추 1개

/양념장/
고추장 1큰술
고춧가루 2큰술
간장 2큰술
다진 파 1큰술
다진 마늘 1작은술
다진 생강½작은술
참기름 ½큰술
소금 · 후춧가루 약간씩

 요리 고수의 비법

만만한 매일 반찬이자 인기 술안주이기도 한 고추장찌개의
국물 맛을 한결 진득하게 내는 비법입니다. 곰탕 국물을 써
서 만들면 따로 고기를 넣지 않아도 괜찮아요. 감자와 애호
박, 매운 청양고추를 듬뿍 넣고 끓입니다. 칼칼한 맛을 좋
아하면 고추장과 고춧가루만 넣고, 밥에 비벼 먹기 좋은 구
수한 찌개를 원한다면 된장을 조금 섞어 끓이면 좋습니다.
돼지고기와 감자, 양파를 기름 조금 두르고 볶다가 국물을
부어서 끓이면 붉은 기름이 동동 뜨면서 한결 맛있게 보이
니 꼭 순서를 지켜서 끓이는 것이 좋습니다.

만/들/기

1. 돼지고기는 얇게 저미서 먹기 좋은 크기로 썰고 양념
   장을 넣어 무친다.
2. 양파는 반으로 갈라 굵게 채썬다. 감자도 반으로 잘라
   도톰하게 반달썰기한다.
3. 대파는 어슷썰고, 풋고추 · 홍고추는 어슷썬다.
4. 냄비에 식용유를 두르고 양념한 고기를 넣고 볶다가
   고기가 반쯤 익으면 감자와 양파를 넣어 함께 볶는다.
5. 감자와 양파에 기름기가 돌기 시작하면 곰탕 국물을
   붓고 양념장을 넣어 끓인다.
6. 감자가 익으면 어슷썬 파와 고추를 넣고 끓이면서 소
   금으로 간을 맞춘다.

부대찌개

부대찌개 전문점에서는 사골국물을 많이 쓴다. 집에서 부대찌개를 만들 때 뭔가 맛이 부족하다 싶었던 것은 양념장이 아니라 육수에 문제가 있었던 셈이다. 시판 곰탕 국물을 그대로 쓰면 편리하지만, 조금 담백하게 먹고 싶다면 곰탕 국물과 맹물을 섞어서 쓰면 된다.

/주재료/
돼지고기(삼겹살) 150g
김치 100g
소시지 200g
햄 200g
베이크드 빈 ½컵

/부재료/
두부 150g
실파 60g
양파 1개
당근 60g
팽이버섯 1봉
스파게티면 100g

/국물/
곰탕(도가니탕) 육수 6컵
소금 약간

/양념장/
고춧가루 2큰술
국간장 1큰술
고추장 1큰술
청주 1큰술
설탕 1큰술
다진 마늘 1큰술
다진 생강 1작은술
후춧가루 약간
물 ½컵

✰ 요리 고수의 비법

미리 만들어두었던 양념장으로 돼지고기를 무쳐서 밑간하면 간편하게 누린내를 없앨 수 있어 좋아요. 김치는 적당히 익은 것을 써야 하는데 고춧가루와 설탕을 넣어 미리 무쳐두었다가 조리하면 오래 끓이지 않아도 한결 부드럽게 먹을 수 있어요. 라면을 넣으면 국물을 너무 많이 흡수해 정작 떠먹을 국물이 부족할 때가 많지요. 그렇다고 곰탕 국물을 계속 부을 수도 없는데 스파게티면을 삶아두었다가 쓰면 의외로 식감이 좋고 국물이 깔끔해요. 소시지 종류가 다양할수록 맛은 더 좋아지고 부대찌개 특유의 달큼한 맛을 내는 일등 공신은 베이크드 빈이니까 잊지 말고 넣어주세요.

~~~~~~~~~~~~~~~~~~~~~~~~~~~~~~~~~~~~~~

만/들/기

1. 양념재료를 모두 섞어 미리 양념장을 만든다. 이렇게 만든 양념장을 냉장고에 보관해두고 숙성시키면 맛이 더 좋아진다.
2. 돼지고기는 3cm 폭으로 썰고 미리 만들어두었던 양념장 1큰술을 덜어서 넣고 무친다.
3. 소시지와 햄은 체에 담고 뜨거운 물을 붓거나 끓는 물에 살짝 데쳐 기름기를 제거한 다음, 소시지는 0.5cm 두께로 어슷하게 썰고, 햄은 4×2×0.5cm 크기로 썬다.
4. 양파는 채썰고 실파는 4cm 길이로 썬다. 당근은 4×2×0.3cm 크기로 납작하게 썬다.
5. 김치는 송송 썰어두고 팽이버섯은 밑동을 자른다. 스파게티면은 삶아서 준비한다.
6. 전골냄비에 미리 무쳐두었던 돼지고기와 소시지, 채소를 골고루 담고 베이크드 빈을 올린 다음 양념장을 얹는다.
7. 곰탕 국물을 넣어 센불로 끓이다가 팔팔 끓어오르면 중약불로 줄여 끓이면서 고루 덜어 먹는다.

갈비만둣국

푸짐한 갈비 건더기와 만두를 동시에 즐길 수 있는 일품요리. 갈비와 만두를 찍어먹을 수 있도록 초간장 이나 겨자초장을 곁들인다.

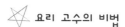 **요리 고수의 비법**

만두를 미리 만들어 냉동고에 넣어 두었다가 육수를 따로 낼 필요 없이 갈비탕 국물에 넣어 끓이면 근사한 요리가 탄생합니다. 시판 만두를 사용해도 좋아요. 떡만둣국을 만들고 싶다면 갈비탕에 떡을 넣어서 떡국을 따로 끓이고 만두는 삶아서 넣어야 깔끔합니다.

/주재료/
갈비탕 1봉(600g)
물 4컵

/부재료/
만두피 10장
대파 ½대
국간장 1큰술
소금 적당량

/만두소 재료/
[10개 분량]
간 소고기 40g
간 돼지고기 40g
두부 50g
숙주 30g
배추김치 40g
송송 썬 대파 ⅓컵

/만두소 양념/
다진 마늘 1½작은술
청주 1작은술
국간장 2작은술
참기름 1작은술
깨소금 1작은술
소금 약간
후춧가루 약간

/초간장/
간장 2큰술
식초 2큰술
고춧가루 약간

만/들/기

1. 숙주는 끓는 물에 데쳐서 찬물에 담갔다가 건져 꼭 짠 다음 잘게 썬다.
2. 배추김치는 물에 슬쩍 헹궈서 물기를 짜고 0.5cm 정도로 잘게 썰어 보에 싸서 물기를 꼭 짠다.
3. 두부는 칼로 으깨고 보에 싸서 물기를 꼭 짠다.
4. 국물에 들어가는 대파는 어슷썰고 만두소 재료의 대파는 송송 썬다.
5. 분량의 소고기와 돼지고기에 숙주, 김치, 두부, 파를 합하고 만두소 양념을 넣어 고루 주물러 치댄다.
6. 만두피에 만두소를 한 숟가락씩 떠 넣고 반달 모양으로 맞붙인 다음 양끝을 맞붙여 모자 모양으로 빚는다.
7. 냄비에 갈비탕과 물을 더해서 붓고 끓이다가 국간장으로 색을 내고 만두를 넣어 떠오를 때까지 끓인다.
8. 만두가 익어서 떠오르면 어슷썬 대파를 넣어 한소끔 더 끓이고 싱거우면 소금으로 간을 맞춘다.

백짬뽕

뽀얀 곰탕 국물의 매력을 잘 살리려면 고춧가루를
넣어 빨갛게 만드는 것보다 백짬뽕으로 즐기는 편
이 좋다. 마른 고추만으로도 충분하지만 그릇에 내
기 직전에 청양고추를 송송 썰어 띄우면 맛이 더 칼
칼해진다. 돼지고기는 기름기 없는 등심이나 안심을
쓰는데 나가사키 짬뽕처럼 좀 더 진득한 국물을 먹고
싶다면 삼겹살을 넣어도 된다. 국수를 건져 먹은 후
찬밥을 말아먹는 것도 추천!

✧ 요리 고수의 비법

고춧가루 없이 매운맛을 내려면 마른 고추를 기름에 볶아
쓰는데 톡 쏘는 맛을 원한다면 태국 고추나 페페론치니를
섞어 쓰면 됩니다. 식용유만 쓰면 국물이 깔끔하고 라유를
쓰면 맛이 훨씬 깊어져요. 마늘이나 생강, 파 등의 향채를
기름에 볶다가 채소를 먼저 넣고 높은 온도에서 볶은 다음
곰탕 국물을 넣으면 뽀얗게 우러나면서 채소의 깊은 맛이
국물에 뱁니다. 청경채 대신 배추나 양배추를 넣어도 국물
이 달큰하니 좋아요. 해물은 오래 끓이면 질겨지니 나중에
넣어 살짝만 익히는 게 좋지요.

/주재료/

우동면 300g	홍합살 ½컵
돼지고기 150g	물오징어 1마리
새우살 ½컵	돼지고기 밑간 : 청주 1큰술, 간장 ½큰술

/부재료/

양파 1개
당근 30g
불린 목이버섯 ½컵

/국물재료/

곰탕 육수 8컵
소금 약간

/양념재료/

마른 고추 1개
대파 1대
생강채 약간
간장 2큰술
청주 2큰술
식용유 4큰술

만/들/기

1. 돼지고기는 4cm 길이로 가늘게 채썰어 청주와 간장으로 밑간한다.
2. 새우살과 홍합살은 소금물에 씻어 건져 물기를 뺀다. 오징어는 내장을 빼고 껍질을 벗긴 다음 씻어서 가늘게 채썬다.
3. 양파는 반으로 잘라 채썰고, 당근도 같은 크기로 채썬다. 청경채는 가닥가닥 뜯어서 씻어 건진 다음 길이대로 반으로 썬다.
4. 목이버섯은 불린 다음 끝부분의 불순물을 떼어내고 씻어 건져 큼직큼직하게 뜯는다.
5. 대파는 흰대만 골라 채썰고 생강도 같은 크기로 채썬다. 마른 고추는 작게 자른다.
6. 우동면은 끓는 물에 삶아 건져 냉수에 헹궈 물기를 뺀다.
7. 팬을 뜨겁게 달군 다음 식용유를 두르고 마른 고추, 생강, 파를 넣고 볶아 향을 낸 다음 고기를 먼저 볶는다. 차례대로 양파, 당근, 목이버섯을 넣어 숨이 살짝 죽을 정도로 볶은 다음 간장, 청주를 팬 가장자리로 흘려 넣는다.
8. 볶음 재료에 간이 배면 곰탕 육수를 부어 끓이다가 새우살, 홍합살, 오징어, 청경채잎을 넣고 끓으면, 소금으로 간을 맞추고 나서 후춧가루를 넣는다.
9. 준비해 둔 우동면을 체에 담아 짬뽕 국물에 넣었다가 건져 그릇에 담고 익힌 해물, 채소를 건져서 얹은 다음 짬뽕 국물을 붓는다.

떡국

떡국은 사골이나 도가니 등의 뼈를 고아 만든 국물을 써서 끓여야 특유의 고소한 맛을 잘 살릴 수 있다. 시판 도가니탕 국물에 생수를 섞어서 국물을 내면 빠른 시간에 진득한 떡국 국물을 만들 수 있다. 고기 건더기가 없으면 섭섭하므로 소고기를 양념해서 볶아 쓴다.

/주재료/
흰떡 750g
도가니탕 육수 1봉(600g)

/부재료/
소고기 100g
물 4컵
달걀 1개
국간장 1큰술
대파 1대
김 2장
후춧가루 · 소금 약간씩

/소고기양념/
간장 1큰술
다진 파 2작은술
다진 마늘 1작은술
참기름 1작은술
후춧가루 약간

⭐ 요리 고수의 비법

냉동고에 보관해서 딱딱해진 떡은 뜨거운 물에 살짝 데쳐서 건졌다가 사용하면 잘 익습니다. 떡국의 향은 국간장으로 내는데, 너무 많이 넣으면 국물이 탁해지므로 색만 조금 내고 나머지 간은 소금으로 하세요. 달걀은 지단을 부쳐서 얌전하게 썰어 써도 좋지만 시간이 많이 걸리고 생각보다 맛에 영향을 크게 미치지는 않지요. 차라리 다 끓은 떡국에 잘 푼 달걀물을 얌전하게 흘려 넣어 줄알을 치면 모양도 예쁘고 맛은 훨씬 풍부해집니다. 소고기를 볶을 때 다진 마늘과 참기름으로 조물조물 무쳐서 쓰면 소고기의 잡내를 없애는 데 도움이 됩니다.

만/들/기

1. 떡국용 떡을 물에 헹궈 건진다.
2. 소고기는 결 반대방향으로 먹기 좋게 썰고 분량의 양념을 넣어 조물조물 무친다.
3. 대파는 어슷썰고 달걀은 풀어서 지단을 부친다.
4. 김은 구워서 비닐봉지에 넣고 비벼서 부순다.
5. 냄비에 양념한 소고기를 넣고 약불에서 볶다가 고기가 익으면 도가니탕 육수와 물을 부어 끓인다.
6. 국물이 팔팔 끓으면 씻어서 건진 떡을 넣고 부드러워질 때까지 끓인다.
7. 떡이 익으면 어슷썬 대파를 넣고 한소끔 끓인 후 국간장과 소금으로 간을 맞추고 후춧가루와 달걀지단, 김가루를 뿌린 후 불을 끈다.

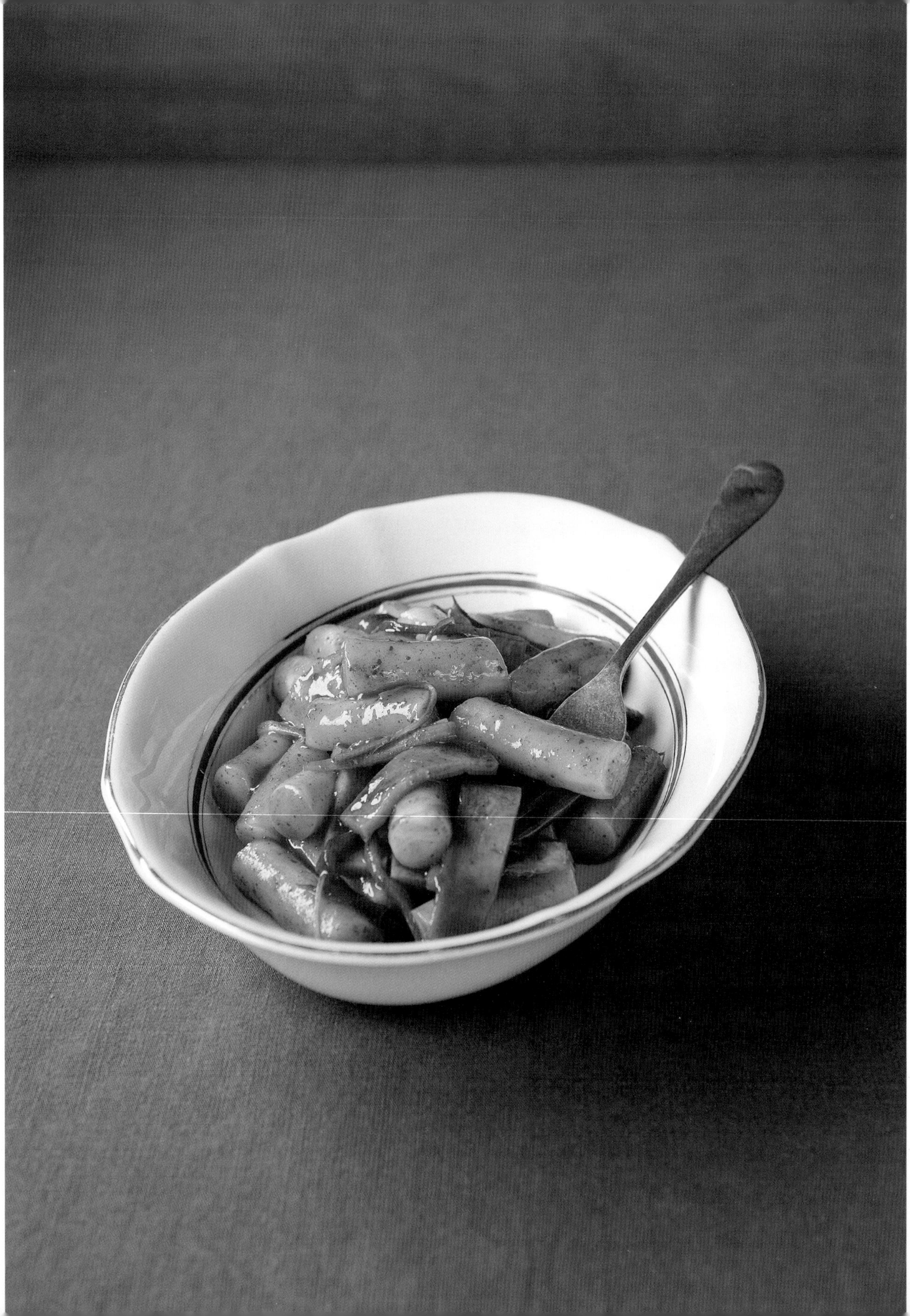

떡볶이

곰탕 국물과 고추장만으로 깔끔하게 맛을 내는 떡볶이. 고추장만 쓰는 것이 텁텁하다면 고추장 양의 반은 고춧가루로 대신한다. 물엿이나 조청을 넣어 농도를 맞추는 것이 포인트.

 요리 고수의 비법

떡볶이떡은 보통 밀떡과 쌀떡 중에 골라 쓰는데 곰탕 국물이 들어간 떡볶이는 쌀떡이 더 잘어울립니다. 굳지 않은 떡은 가닥가닥 뜯어두었다가 쓰면 되고, 냉동고에 들어 있던 떡은 뜨거운 물에 데쳐서 물기를 빼고 쓰세요. 간편하게 만들고 싶으면 대파만 넣고 좀 더 채소를 많이 먹고 싶다면 양배추나 깻잎을 넣어보세요. 어묵은 한 번 데쳐서 써야 맛이 깔끔하고 식품첨가물 걱정을 덜 수 있으니 귀찮더라도 데치는 과정을 빼지 않고 하는 것이 좋습니다.

/주재료/
떡볶이 떡 500g
어묵 150g(사각어묵 3장)
곰탕 국물 1½컵

/부재료/
대파 1대

/양념장/
고추장 3큰술
간장 ½큰술
설탕 2큰술
물엿 1큰술

만/들/기

1. 떡볶이떡은 서로 달라붙지 않도록 가닥가닥 뜯는다.
2. 어묵은 5×2.5cm 크기로 썰어 체에 올려놓고 뜨거운 물을 부어 기름을 뺀다.
3. 대파는 어슷썰거나 4cm 길이로 자른 다음 적당한 크기로 길게 채썬다.
4. 팬에 곰탕 육수를 붓고 분량의 재료를 섞어 만든 양념을 풀어 넣어 끓인다.
5. 떡볶이 국물이 끓어오르면 떡을 넣어 눌어붙지 않게 저어가며 잠시 끓인다.
6. 떡이 말랑말랑하게 익으면 어묵을 넣어 양념장이 걸쭉해질 때까지 끓인다.
7. 국물이 적당한 농도로 졸아들고 떡과 어묵에 양념장이 잘 어우러지면 준비한 대파를 넣어 한소끔 더 끓인다.

도가니수육무침

쫀득쫀득한 도가니 수육에 갖은 채소를 넣고 새콤달콤하게 무친 일품요리. 반찬으로도 좋지만 특히 소주나 맥주 안주로 제격이다. 곰탕 국물에 따뜻하게 토렴한 다음 갖은 채소를 더해 초고추장에 무쳐 먹는다.

/주재료/
도가니수육 400g

/부재료/
미나리 100g
대파 1대
청고추 1개

/양념장/
고추장 3큰술
간장 1큰술
식초 3큰술
레몬즙 2큰술
매실청 2큰술
꿀 2큰술
소금 1작은술
깨소금 약간

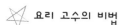 요리 고수의 비법

원래 설렁탕이나 곰탕집에 가면 수육이나 도가니수육을 양념간장에 무쳐서 일품 요리로 내는 경우가 많지요. 언젠가 도가니탕 수육을 양념간장 대신 초고추장에 찍어 먹은 적이 있는데 의외로 맛이 있더군요. 쫀득쫀득한 도가니수육이 전혀 느끼하지 않아 제법 많이 먹었던 기억이 있습니다. 그뒤로 도가니탕을 먹을 때는 도가니 수육을 조금 덜어내어 미나리와 대파를 썰어 넣고 무쳐 먹습니다. 사태를 삶아 같이 무쳐도 맛이 있습니다. 쑥갓이나 참나물을 곁들여 무쳐 먹어도 맛있습니다.

만/들/기

1. 도가니 수육을 먹기 좋은 크기로 썬다.
2. 미나리는 잎은 떼고 줄기만 골라 흐르는 물에 여러 번 씻은 다음 찬물에 담가 거머리가 없도록 손질한다.
3. 대파 흰대는 얇게 채썰고 청고추도 곱게 채썬다.
4. 준비한 재료를 섞어 양념장을 만든다.
5. 먹기 좋게 썬 도가니는 먹기 직전 따뜻한 국물에 토렴한 다음 그릇에 담는다.
6. 그릇에 모든 재료를 담고 양념장을 넣어 무친다. 처음부터 다 넣지 말고 중간에 맛을 보아가며 가감한다.

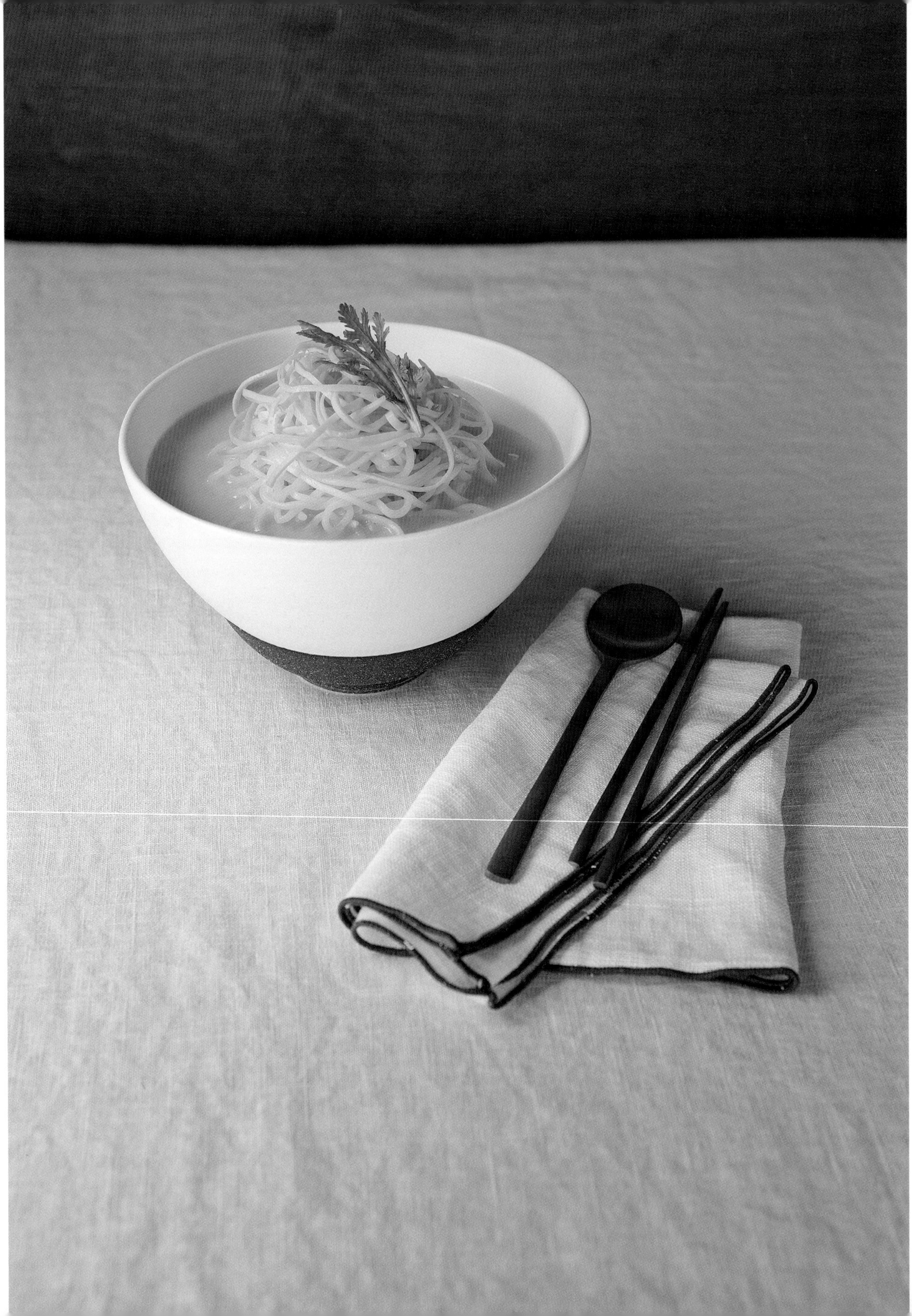

곰국수

구수한 곰탕 국물에 달걀지단을 뜸뿍 얹어 먹는 따끈한 국수. 기름지지 않으면서 속을 든든하게 채워준다. 쑥갓의 향과 청양고추의 알싸한 맛이 어우러진 국수로, 양념간장 없이 개운하게 먹고 싶다면 소금과 후춧가루로만 간을 하는 것도 좋다.

 요리 고수의 비법

설렁탕이나 곰탕 국물에 소면을 말아 먹던 일이 생각나 만들어본 음식입니다. 멸치장국보다는 곰탕 국물이 아무래도 묵직하다보니 소면보다는 중면이 어울리더라고요. 포인트는 듬뿍 얹어 먹는 달걀지단과 쑥갓입니다. 양지머리를 삶아 결대로 찢어 놓은 것이 있다면 고명으로 제격이지요. 장조림을 곁들여 먹어도 맛있습니다. 매운 것을 잘 먹지 못한다면 청양고추 대신 아삭이 고추를 넣어 아삭아삭한 식감과 향을 즐겨보세요.

/주재료/
곰탕 국물 6컵
중면 200g

/부재료/
쑥갓 50g
대파 1대
청양고추 1개
달걀 2개

/양념 간장/
간장 4큰술
다진 마늘 1작은술
고춧가루 2작은술
통깨 1큰술
참기름 1큰술
후춧가루 약간

만/들/기

1. 대파와 청양고추는 송송 썰고 쑥갓은 질긴 부분은 다듬고 연한 잎으로 준비한다.
2. 달걀은 지단을 부쳐 얇게 썬다.
3. 분량의 재료를 섞어 양념간장을 만든다.
4. 끓는 물에 국수를 삶아 건져 타래를 지어놓는다.
5. 곰탕 국물을 뜨겁게 데운 후 삶은 국수를 넣어 토렴해 그릇에 담고 국물을 다시 뜨겁게 데워 붓는다.
6. ⑤에 달걀지단과 쑥갓잎을 얹고 양념간장을 곁들여 낸다.

황태무죽

맑은 곰탕 국물로 감칠맛을 살린 황태무죽은 입맛 없는 아침에 먹으면 속을 편하게 해준다. 황태해장국에 밥을 말아 먹기조차 불편한 숙취에도 요긴하며, 소화 기능이 떨어진 환자에게는 보양식 역할을 톡톡히 한다. 곰탕 국물과 물을 동량으로 섞어 너무 기름지지 않도록 조절하는 것이 포인트.

/주재료/
불린 쌀 1컵
황태포 50g
곰탕 국물 3½컵
물 3½컵

/부재료/
무 20g
실파 약간
참기름 1큰술
다진 마늘 1작은술
간장 1작은술
소금 약간
달걀 1개

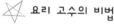 요리 고수의 비법

황태나 북어로 죽을 끓일 때 무를 넣으면 맛도 보완되지만 속도 한결 편합니다. 황태포나 북어포 한 마리를 뜯어서 써도 되지만 황태채를 쓰면 한결 편하게 만들 수 있어요. 당근이나 양파를 잘게 다져서 넣어도 좋고 콩나물을 한 줌 정도 마지막에 넣어 황태콩나물죽을 끓여도 좋아요.

만/들/기

1. 황태포는 가시를 잘 발라내고 물에 한번 헹궈서 잘게 뜯는다.
2. 실파는 어슷썰고 무는 곱게 채썬다.
3. 쌀은 씻어서 건져 30분 정도 두어 자연스럽게 불도록 한다.
4. 냄비에 참기름을 두르고 황태포와 어슷썬 대파, 무채, 다진 마늘을 넣고 볶는다.
5. 대파와 무채가 나른하게 볶아지면 불려 놓은 쌀을 넣고 물과 곰탕 국물을 동량으로 섞어 부어 끓인다.
6. 죽이 끓기 시작하면 불을 줄여 쌀알이 푹 퍼지도록 시간을 두고 천천히 끓인다.
7. 쌀알이 퍼지면 달걀을 풀어 넣고 소금으로 간을 한 후 그릇에 담아 간장과 함께 낸다.

39

채소죽

채소만으로 담백하게 끓이는 죽에는 뼛국물인 갈비탕이나 도가니탕보다는 고기만 넣어 끓인 맑은 곰탕 국물이 제격. 국간장으로 색과 향을 내고, 소금으로 마무리 간을 한다. 시금치나 아욱 등을 넣을 때는 된장을 엷게 풀어 넣으면 구수한 맛이 한결 배가 된다.

/주재료/

불린 쌀 1컵
곰탕 국물 3½컵
물 3½컵

/부재료/

채소(시금치, 팽이버섯, 호박, 당근, 양파 등) 300g
참기름 1큰술
국간장 1작은술
소금 적당량

✦ 요리 고수의 비법

보기에는 쉬워보여도 맛을 내기 어려운 음식 중의 하나가 바로 채소죽입니다. 구수하면서도 깊은 맛을 내기가 쉽지 않은데, 이때 곰탕 국물의 힘을 빌리면 한결 쉽지요. 채소를 넣는 순서도 중요합니다. 당근처럼 딱딱한 재료는 쌀알이 반 이상 익었을 때 넣으면 적당합니다. 양파나 호박은 쌀알이 거의 익었을 때, 잎채소나 버섯 등은 죽이 거의 완성된 후 넣어야 식감을 잘 살릴 수 있어요.

만/들/기

1. 채소는 흐르는 물에 씻어서 건져 물기를 뺀 후 잘게 다진다.
2. 뜨겁게 달군 두꺼운 냄비에 참기름을 두르고 쌀을 넣어 투명해질 때까지 볶는다. 곰탕 국물과 물을 섞어 붓고 계속 끓인다.
3. 쌀알이 어느 정도 퍼지면 다진 채소를 넣고 나무주걱으로 저어가며 끓인다. 당근처럼 딱딱한 채소를 먼저 넣고 호박, 양파 등은 나중에 넣는다. 시금치나 팽이버섯 등은 먹기 직전에 넣어 뒤적이는 정도로 익힌다.
4. 쌀이 투명하게 익고 걸쭉해지면 국간장과 소금으로 간을 맞추고 그릇에 담는다.

무조림

생선조림을 하면 생선보다 무가 더 먼저 없어지는
데서 착안한 음식. 곰탕 국물과 보리새우, 표고의 맛
이 배어 구수하면서도 감칠맛이 나서 밥도둑 역할을
톡톡히 한다. 뭉근하게 오랫동안 조리는 음식이라
향이 금방 달아나는 참기름 대신 들기름을 넣는 것
이 포인트.

/주재료/

무 400g
보리새우 ½컵
곰탕 국물 2컵

/부재료/

마른 표고 8개
다시마 20cm 1장
고춧가루 2큰술
들기름 4큰술
생강 1쪽
마른 고추 2개
국간장 5큰술
설탕 3큰술

 ☆ 요리 고수의 비법

무를 살캉하게 조리면 고기반찬보다 더 맛있습니다. 대개
는 다시마나 멸치육수에 간장으로 맛을 내서 조리는데, 곰
탕 국물에 표고와 다시마를 넣어 조리면 반찬으로 정말 좋
아요. 무를 아주 두툼하게 조릴 때는 미리 삶아서 써야 깔
끔하게 조려집니다. 감자가 많이 나는 계절에는 감자를 넣
어 조려도 맛있어요.

만/들/기

1. 무는 껍질을 벗기지 말고 솔로 문질러 씻은 다음
   0.5cm 두께의 은행잎 모양으로 썬다.
2. 마른 표고는 흐르는 물에 가볍게 문질러 씻은 다음 미
   지근한 물 2컵을 넣어 시간을 두고 천천히 불린다. 표
   고가 충분히 불면 기둥을 떼어낸 후 몸통을 반으로 자
   르고 국물은 따로 둔다.
3. 생강은 채썰고 마른 고추는 잘라둔다. 보리새우는 볶
   아서 가시를 털어낸다.
4. 표고 불린 물에 다시마를 넣어 불린 다음 불에 올려
   끓어오르면 바로 끄고 천천히 식힌다. 불린 다시마는
   표고버섯 크기로 썬다.
5. 달군 냄비에 들기름을 두르고 무를 넣고 볶다가 준비
   한 표고, 생강채, 보리새우, 마른 고추, 고춧가루, 설
   탕, 간장을 넣고 볶는다.
6. ⑤에 다시마를 더하고 곰탕 국물을 부은 다음 국물이
   자작자작해질 때까지 조린다.

김치 요리

묵은지찜

묵은지찜을 할 때 대부분 냄비에 고기와 묵은지를 같이 담고 물을 부어서 끓이는데 이렇게 하면 개운하기는 하지만 구수한 맛은 적다. 고기를 먼저 지져서 육즙을 가두고 국물을 부은 다음 묵은지를 넣어 끓이면 감칠맛이 더 잘 살아난다.

/주재료/
묵은지 1kg
돼지 등갈비 500g

/부재료/
새송이버섯 150g
대파 2대
식용유 2큰술
김치 국물 ½컵
물 5컵
된장 1큰술
설탕 1큰술
다진 마늘 1큰술
청주 2큰술
간장 1큰술

✮ **요리 고수의 비법**

묵은지의 산맛이 너무 강할 때는 좀 누그러뜨릴 수 있는 재료를 써야 합니다. 된장이나 설탕을 조금 넣으면 한결 부드럽고 구수한 맛을 낼 수 있어요. 돼지고기는 어느 부위를 넣어도 맛있는데, 등갈비나 돼지갈비를 토막내서 넣어도 좋고 목살을 두툼하게 썰어 넣어도 좋아요. 앞다리살이나 뒷다리살같은 부위를 넣어도 상관없습니다.

만/들/기

1. 묵은지는 머리 부분만 자르고 길게 준비한다.
2. 돼지 등갈비는 찬물에 담가 핏물을 뺀다.
3. 새송이 버섯은 굵게 찢고, 대파는 5cm 길이로 자른다.
4. 냄비에 식용유를 두르고 돼지 등갈비를 넣어 앞뒤로 지진 다음 김치 국물과 물을 붓는다.
5. ④에 된장, 설탕, 다진 마늘, 청주를 넣고 묵은지를 안쳐서 김치가 무를 때까지 중간 불에서 푹 끓인다.
6. 김치가 푹 무르면 새송이버섯과 대파를 넣고 3분 동안 더 끓인 다음 간을 보아 싱거우면 간장으로 간을 맞춘다.

47

김치 요리

고등어조림

고추장 없이 고춧가루와 간장만으로 조려 텁텁하지 않고 칼칼한 생선조림. 데워서 먹으면 비린내가 날 수 있으므로 맛있게 조려 한 끼에 다 먹을 수 있도록 양을 조절한다. 생선조림에는 다진 마늘과 함께 생강을 반드시 넣어야 비린내를 제대로 잡을 수 있다.

/주재료/
고등어 2마리
김치 ¼포기

/부재료/
고구마 1개
풋고추 3개
홍고추 1개
대파 1대
물 1½컵
청주 ⅓컵

/조림장/
간장 2큰술
설탕 1큰술
고춧가루 4큰술
후춧가루 1작은술
다진 마늘 3큰술
다진 생강 1작은술
청주 2큰술
식용유 1큰술
소금 약간

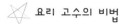 요리 고수의 비법

생선조림에 무 대신 감자나 고구마를 넣으면 국물과 함께 밥 비벼먹기 좋습니다. 말린 무청시래기, 말린 고구마줄기 등을 불려서 넣으면 밥 위에 척척 걸쳐서 먹는 맛이 있고요. 잘 익은 김치와 고구마를 같이 넣으면 두 가지 맛을 모두 볼 수 있지요. 생선 비린내를 잡고 싶다면 식촛물에 담갔다가 씻어도 좋고, 청주를 끼얹어 냉장고에 한 시간 정도 넣어두면 됩니다.

만/들/기

1. 고등어는 내장을 꺼내고 흐르는 물에 핏물이 남지 않도록 잘 씻는다.
2. 씻은 고등어는 적당한 크기로 토막을 낸 다음 청주를 뿌려서 잠시 재운다.
3. 김치는 대가리를 자르고 길이대로 반으로 썬다.
4. 고구마는 깨끗이 씻어 껍질 째 적당한 1cm 두께로 모양을 살려 썬다.
5. 풋고추와 홍고추는 반으로 갈라 씨를 빼서 어슷썰고, 대파도 같은 굵기로 어슷썬다.
6. 분량의 재료를 섞어 조림장을 만든다.
7. 냄비에 김치를 깔고 그 위에 고등어를 넓게 펼쳐 담은 다음 양념을 끼얹었고 고등어가 잠기도록 물을 부어 끓인다.
8. 끓기 시작하면 불을 줄이고 고추, 대파를 위에 얹은 뒤 국물을 생선 위로 자주 끼얹어주면서 국물이 자작자작해질 때까지 조린다.

김치찌개

삼겹살이나 목살을 두툼하게 썰어 넣고 칼칼하게 끓인 찌개. 두부까지 넣어 김치찌개 전문점 맛을 낸다. 담백하고 개운한 맛을 내기 위해 국간장과 소금으로 마무리 간을 한다.

 요리 고수의 비법

김치찌개는 누가 끓여도 맛있지만 몇 가지 포인트만 기억해두면 김치찌개 전문점 맛을 낼 수 있어요. 가장 중요한 것은 고기를 먼저 볶아야 한다는 것. 식용유를 두르고 고기를 볶다가 김치를 넣어 나른하게 볶으면 입에 착착 감기는 맛을 낼 수 있습니다. 돼지고기에 생강즙이나 맛술을 넣고 후춧가루를 조금 더해 조물조물 재웠다가 끓이면 더 맛있습니다.

/주재료/
배추김치 500g
돼지고기 200g

/부재료/
두부 1모(300g)
대파 1대
식용유 4큰술
물 4컵
국간장 2큰술
설탕 1큰술
소금 약간

만/들/기

1. 잘 익은 배추김치를 4cm 폭으로 썬다.
2. 돼지고기는 결 반대방향으로 4cm 폭으로 저며 썬다.
3. 두부는 3×4×1cm 크기로 납작하게 썰고 대파는 어슷썬다.
4. 큰 냄비에 식용유를 두르고 돼지고기를 넣어 볶다가 김치를 넣어 고기 표면이 갈색이 될 때까지 볶는다.
5. 물을 붓고 약한 불로 줄여 20분간 끓인다. 김치가 부드러워지면 두부, 대파, 국간장, 설탕을 넣고 10분 정도 끓인다. 싱거우면 소금으로 간을 맞춘다.

김치국

얼큰하고 개운해서 밥 한 그릇 말아먹기 좋은 국. 기름진 고기 음식이나 볶음밥을 먹을 때 곁들이면 입안을 개운하게 해준다. 잘 익어 너무 시지 않은 김치로 끓여야 맛있다. 소금 대신 김치국물로 간을 맞춰도 좋다.

 요리 고수의 비법

먹기 전에 새우젓 국물을 조금 넣어 간을 맞춰도 의외로 맛이 있습니다. 여기에 밥을 넣고 후르르 퍼질 정도로만 끓여 먹어도 좋고요. 밀가루 반죽을 떼어서 수제비처럼 넣어 끓여도 좋습니다.

/주재료/
배추김치 ¼포기
콩나물 50g

/부재료/
대파 1대
붉은 고추 1개
다진 마늘 2큰술
고춧가루 1큰술
참기름 1큰술
소금 약간

/멸치육수/
국물용 멸치 10마리
물 5컵
청주 1큰술
국간장 1큰술
소금 1작은술

만/들/기

1. 김치는 소를 털어 잘게 썰고, 콩나물은 다듬는다.
2. 대파와 홍고추는 어슷하게 썬다.
3. 국물용 멸치의 머리와 내장을 떼어내 냄비에 넣고 물을 부어 센 불에서 끓인다. 끓어오르면 청주를 넣고 중불에서 20분 정도 더 끓인 뒤 면포를 얹은 체에 걸러 국간장, 소금을 넣고 간을 맞춘다.
4. 냄비에 참기름을 두르고 달군 뒤 김치를 넣어 볶다가 멸치육수를 붓고 끓인다.
5. 한소끔 끓으면 콩나물, 대파, 붉은 고추, 다진 마늘, 고춧가루를 넣고 소금으로 간을 맞춘다.

김치전

막걸리 안주로 제격인 김치전은 끝부분이 바삭바삭하게 튀겨지듯 익어야 더 맛있다. 부침가루를 구입해 사용하면 더 바삭바삭한 맛을 낼 수 있다. 쑥갓이나 참나물 등 신선한 쌈채소를 얹어 싸먹어도 좋다.

 요리 고수의 비법

김치전은 짧은 시간에 색과 맛을 내야 하므로 불 조절이 중요한데, 강불보다는 중불에서 익히고 기름은 좀 넉넉하게 두르는 것이 좋습니다. 여러 번 뒤적이면 기름을 지나치게 흡수해 깔끔한 맛을 즐길 수 없으니 한쪽 면을 충분히 익힌 뒤 한번만 뒤집어 가장자리를 꼭꼭 눌러가며 부칩니다.

/주재료/
김치 400g
식용유 적당량

/부재료/
밀가루 2컵
물 1½컵
달걀 1개
쑥갓 한 줌

/초간장/
간장 2큰술
식초 1큰술
설탕 ½큰술
물 1큰술

만/들/기

1. 밀가루에 물과 달걀을 넣고 거품기로 멍울 없이 풀어 밀가루 반죽을 만든다.
2. 잘익은 배추김치는 속을 털어낸 후 1cm 폭으로 썰어 반죽에 넣고 잘 섞는다.
3. 분량의 재료를 잘 섞어 초간장을 만든다.
4. 팬을 달구어 식용유를 2~3큰술 두르고 김치 반죽을 국자로 떠올린다. 반죽을 둥글고 얇게 펴서 앞뒤로 뒤집어 노릇하게 부친다. 초간장과 함께 낸다.
5. 쑥갓을 씻어서 건져 물기를 빼고 곁들인다.

김치볶음밥

잘 익은 김치만 있으면 10분 안에 만들 수 있는 메뉴. 당근 대신 양배추, 브로콜리, 호박 등 그때그때 냉장고에 있는 재료를 넣어도 된다. 한꺼번에 밥을 너무 많이 넣어 볶으면 질어지거나 프라이팬에 눌어붙을 수 있으니 주의할 것.

/주재료/	/부재료/
흰밥 2공기	당근 ⅓개
배추김치 200g	양파 ½개
다진 돼지고기 150g	달걀 2개
	식용유 4큰술
	간장 1큰술
	소금 · 후춧가루 약간씩

 요리 고수의 비법

김치볶음밥은 누구나 만들 수 있지만 의외로 맛을 내기 쉽지 않은 음식입니다. 밥알이 탱글탱글하게 유지되도록 볶아야 하는데 기름을 좀 넉넉하게 두르고 천천히 볶아서 수분을 날리는 것이 중요해요. 양파나 파를 먼저 볶아서 향을 내고 고기와 김치 순으로 넣어서 볶습니다. 김치는 지저분한 속을 털어내고 썰어야 깔끔합니다.

만/들/기

1. 배추김치는 1cm 폭으로 썰고, 당근과 양파는 잘게 다진다.
2. 뜨겁게 달군 프라이팬에 식용유를 두르고 다진 양파를 넣어 중간 불에서 투명해질 때까지 볶다가 다진 돼지고기와 당근, 김치를 넣어 돼지고기가 익을 때까지 볶는다.
3. 돼지고기가 익으면 밥을 넣고 볶는다. 밥알에 기름코팅이 어느 정도 되면 프라이팬의 가장자리로 간장을 둘러 넣어 향을 낸다.
4. 밥이 다 볶아지면 맛을 보아 싱거우면 소금을 넣어 조절하고 후춧가루를 뿌려 마무리한다.
5. 달걀은 반숙으로 프라이한다. 김치볶음밥을 각자의 그릇에 나누어 담은 뒤 달걀 프라이를 하나씩 올려서 낸다.

57

김치볶음덮밥

고슬고슬하게 지은 밥 위에 얹어 먹는 김치볶음. 두부를 따끈하게 데치거나 들기름을 두르고 구워 곁들여도 좋다. 설탕을 넣어 김치의 시큼한 맛을 줄이고 감칠맛을 살린다. 국물 없이 볶아야 깔끔하므로 김치 국물을 꼭 짜서 볶는다.

/주재료/
송송 썬 배추김치 2컵
돼지고기(삼겹살) 200g
밥 2공기

/부재료/
풋고추 2개
홍고추 1개
대파 1대
식용유 2큰술

/양념장/
간장 1큰술
고춧가루 1큰술
고추장 1큰술
설탕 2큰술
다진 파 2큰술
다진 마늘 1큰술
깨소금 ½큰술
참기름 ½큰술
청주 1큰술

/밥 양념/
참기름 1큰술
통깨 1큰술

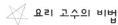 요리 고수의 비법

국물 없이 보슬보슬하게 볶은 김치볶음은 여러모로 쓸모가 많습니다. 밥 위에 얹어 먹어도 좋고 두부를 곁들이면 반찬이나 안주로도 제격이고요. 돼지고기를 넣지 않고 볶은 김치는 넉넉하게 만들어 냉장고에 넣어두면 몇 끼는 괜찮더라고요. 진공포장만 잘하면 여행갈 때 챙겨갈 비상식량으로도 손색이 없습니다.

만/들/기

1. 잘 익은 배추김치는 소를 털고 3cm 길이로 썬다.
2. 돼지고기는 김치와 같은 크기로 저며 썬다.
3. 풋고추와 홍고추는 굵직하게 다지고 대파는 어슷썰어 준비한다.
4. 분량의 재료를 더해 매콤한 양념장을 만든다.
5. 달군 팬에 기름을 두르고 돼지고기를 넣은 다음 양념장의 반을 덜어 넣고 볶는다. 고기가 익으면 썰어 둔 김치, 고추, 파를 넣고 나머지 양념장을 넣어 충분히 볶는다.
6. 갓 지어 고슬고슬한 밥에 참기름과 통깨를 넣고 비벼 접시에 담고 김치볶음을 곁들인다.

김치죽

돼지고기를 넣어 구수하면서도 든든한 죽. 돼지고기
는 기름이 없는 등심이나 안심 등을 넣는 것이 좋다.
마트에서 구입한다면 잡채용이나 돈까스용 부위를
구입하면 된다. 돼지고기를 양념해서 솥에 깔고 불린
쌀을 앉혀 밥을 한 다음 양념간장에 비벼 먹어도 색
다른 맛을 볼 수 있다.

/주재료/
불린 쌀 100g
물 8컵
배추김치 100g

/부재료/
돼지고기 50g
다진 파 1큰술
마늘 1작은술
참기름 1큰술
간장 1작은술
참기름 · 소금 약간씩

 요리 고수의 비법

김치죽은 속이 더부룩하거나 입맛이 없을 때 먹으면 금세
한 그릇 비울 수 있는 음식입니다. 돼지고기 대신 멸치를
넣어서 개운하게 먹어도 좋아요. 죽은 옆에서 눌어붙지 않
도록 가끔 저어줘야 하지만 너무 휘저으면 밥알이 깨져 풀
처럼 되므로 주의해야 합니다.

만/들/기

1. 배추김치는 시지 않은 것으로 속을 털어내고 가늘게
   채썬다.
2. 돼지고기는 기름이 없는 부위를 가늘게 채썰고 다진
   파와 마늘, 참기름, 간장을 넣어 무쳐 밑간한다.
3. 두꺼운 솥에 참기름을 두고 밑간한 돼지고기를 넣어
   볶다가 김치를 넣은 다음 물을 부어 끓인다.
4. 국물이 끓어오르면 불린 쌀을 넣고 끓이다가 불을 줄
   이고 쌀알이 뭉근하게 퍼질 때까지 천천히 끓인다. 소
   금으로 간을 맞춘다.

잔치국수

김치무침, 애호박과 당근볶음만으로 맛을 낸 담백한 국수. 맑은 멸치장국을 냉장고에 넣어 차갑게 식혀서 냉국수로 즐겨도 좋다.

 요리 고수의 비법

김치가 들어간 잔치국수는 특히 멸치장국이 맑아야 더 맛있습니다. 비린내가 조금이라도 나면 맛을 버리고 말아요. 청주를 넣고 뚜껑을 열어 끓이면 멸치 비린내가 많이 날아갑니다. 김치를 무칠 때 참기름 없이 설탕만 조금 넣고 무치면 나중에 국수에 얹었을 때 기름이 뜨지 않아 더 깔끔하게 먹을 수 있습니다. 5cm 길이로 가늘게 채썬 달걀 지단을 얹어 먹어도 좋아요.

/주재료/
소면 400g
송송 썬 김치 2컵

/부재료/
애호박 ½개
당근 30g
식용유 · 소금 적당량씩
설탕 1큰술
참기름 1큰술

/멸치장국/
국물용 멸치 20마리
물 10컵
청주 2큰술
국간장 2큰술
소금 1큰술

만/들/기

1. 국물용 멸치의 머리와 내장을 떼어내 냄비에 넣고 물 10컵을 부어 센 불에서 끓인다. 끓어오르면 청주를 넣고 중불에서 20분 정도 더 끓인 뒤 면포를 얹은 체에 걸러 국간장, 소금을 넣고 간을 맞춘다.
2. 송송 썬 김치는 국물을 꼭 짜고 설탕 1큰술과 참기름 1큰술을 넣어 무친다.
3. 애호박은 5cm 길이로 토막 내어 5×0.3×0.3cm 크기로 곱게 채썬 다음 소금 ⅓작은술을 뿌려 15분간 절인다. 물기를 꼭 짜고 기름을 조금 두른 팬에 살짝 볶는다.
4. 당근도 5cm 길이로 토막 내어 길이대로 곱게 채썰어 식용유 ½작은술을 두른 팬에 센 불에서 1분 정도 볶은 후 소금으로 간한다.
5. 큰 냄비에 물 적당량을 붓고 끓기 시작하면 국수를 넣는다. 거품이 생기면서 끓기 시작할 때 찬물 1컵을 붓고 국수를 저어준다. 3~4분간 삶아서 찬물에 여러 번 헹구어 1인분씩 사리를 지은 후 채반에 올려 물기를 뺀다.
6. 각자의 그릇에 삶은 국수를 담고 뜨거운 멸치장국을 한 번 부었다가 쏟아 차가운 기운을 없앤다. 준비한 김치무침, 애호박, 당근을 얹고 간을 맞춘 뜨거운 멸치장국을 붓는다.

비빔국수

잘 익은 김치와 오이, 상추, 양파 등으로 만드는 비빔 국수의 정석. 골뱅이와 파채를 곁들여도 좋고, 아삭 하게 데친 콩나물을 넣어 비벼도 식감과 맛이 뛰어나 다. 고추장 양념 대신 참기름으로 고소함을 살린 간 장 양념장을 넣어 비벼도 좋은데, 이때는 김치를 물 에 한 번 씻어서 꼭 짜 사용하면 된다.

/주재료/
소면 500g
배추김치 300g

/부재료/
오이 ½개
상추 4장
양파 ½개
삶은 달걀 2개
구운 김 2장

/비빔장/
고춧가루 1큰술
고추장 4큰술
간장 2큰술
설탕 2큰술
물엿 2큰술
식초 4큰술
다진 파 2큰술
다진 마늘 1작은술
참기름 1큰술
깨소금 1큰술

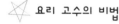 요리 고수의 비법

새콤하게 익은 김치의 흰 줄기 부분을 넣어야 깔끔하면서도 씹는 맛이 있어 좋아요. 양파 특유의 매운맛이 싫다면 반드 시 찬물에 담갔다가 건져 써야 합니다. 고추장만 쓰기 보다 는 고춧가루를 좀 섞고 간장으로 간을 조절하고 물엿과 설 탕을 같이 써서 농도를 조절하는 것이 좋아요.

만/들/기

1. 김치는 소를 털고 송송 썬 다음 꼭 짜서 참기름과 설 탕을 넣고 무친다.
2. 오이는 어슷하게 썰어서 가늘게 채썬다.
3. 상추는 깨끗이 씻어 물기를 빼고 1cm 두께로 굵게 채 썬다.
4. 양파는 반으로 가르고 길이대로 곱게 채썰어 찬물에 10분쯤 담갔다가 건져 물기를 걷는다.
5. 분량의 재료를 섞어 비빔장을 만든다.
6. 큰 냄비에 물 적당량을 붓고 끓기 시작하면 국수를 넣 는다. 거품이 생기면서 끓기 시작할 때 찬물 1컵을 붓 고 국수를 젓는다. 3~4분간 삶아서 찬물에 여러 번 헹구어 채반에 올리고 물기를 뺀다.
7. 큰 그릇에 삶은 국수를 모두 담은 뒤 비빔장을 넣고 비벼서 1인분씩 국수그릇에 담는다.
8. 준비된 김치, 오이, 상추, 양파, 삶은 달걀 반개를 올 리고 구운 김을 부수어 고루 뿌린다.

김치 요리

열무김치비빔밥과 강된장

두 번 삶아 오돌오돌한 보리밥에 열무김치를 듬뿍 얹고 간간한 강된장을 얹어 비벼 먹으면 다른 반찬이 필요 없다. 국 대신 열무김치 국물을 곁들여 먹으면 금상첨화. 통보리를 삶기 어렵다면 씻자마자 바로 밥을 지을 수 있는 할맥을 사용해도 된다.

/주재료/
보리쌀 3컵
불린 쌀 2컵
열무김치 2컵
참기름 적당량

/강된장/
된장 1컵
멸치육수 3컵 (멸치 20마리, 물 5컵)
으깬 두부 50g
다진 파 1큰술
다진 마늘 1작은술
청고추 1개
홍고추1개

 요리 고수의 비법

잘 익은 열무김치로 만드는 비빔밥에는 고추장보다는 역시 강된장이 어울립니다. 비빌 때 참기름을 조금 둘러주면 윤기도 나고 고소한 향이 돌아 밥이 꿀떡꿀떡 넘어가지요. 두부는 으깨서 넣는게 편한데, 불을 끄기 직전에 넣어야 고소한 맛이 더 잘 살아납니다. 열무김치 비빔밥에는 강된장 대신 양념간장을 만들어 비벼먹어도 색다르니 번갈아가며 해먹어도 좋지요.

만/들/기

1. 보리를 잘 씻어서 물을 붓고 푹 삶는다.
2. ①의 삶은 보리와 불린 쌀을 합해 물을 붓고 고슬고슬하게 보리밥을 짓는다.
3. 멸치는 머리와 내장을 떼고 냄비에 담아 그대로 볶는다. 구수한 맛이 나면 물을 붓고 15분 정도 끓여 체에 거른다. 물 5컵을 끓여 3컵 정도가 되면 적당하다.
4. 청고추와 홍고추는 다진다.
5. 코팅이 잘 된 냄비에 된장을 담고 멸치육수를 넣어 푼 후 으깬 두부를 제외한 나머지 강된장 재료를 넣고 나무주걱으로 저어가며 끓인다. 마지막에 으깬 두부를 넣고 한소끔 더 끓여 농도를 맞춘 후 불에서 내린다.
6. 보리밥을 큰 그릇에 퍼서 담고 열무김치 건더기를 얹은 후 강된장을 곁들여 낸다.
7. 열무김치 위에 강된장을 취향껏 퍼 올려 비빈다. 이때 참기름을 1작은술 정도 둘러 비빈다.

열무김치말이국수

열무물김치가 있다면 그 국물을 그대로 쓰고, 국물이 많지 않은 열무김치라면 개운하게 멸치육수를 만들어 섞어 쓴다. 멸치육수는 너무 진하게 만들 필요 없이 김칫국물에 감칠맛을 더할 정도로 삼삼하게 간을 맞추는 것이 더 낫다.

/주재료/
소면 200g
열무김치 200g
열무김치국물 2컵

/부재료/
국물용 멸치 10마리
물 4컵
통마늘 4쪽
마른 고추 1개
국간장 1작은술
소금 적당량

 요리 고수의 비법

열무김치가 잘 익으면 담백한 멸치육수를 섞어 붓고 국수를 만듭니다. 김치국물이 넉넉하면 좋겠지만 그렇지 못하니 육수를 더하는 것이지요. 너무 새콤하게 익으면 맛이 덜하니 잘 익어 톡 쏘기 시작할 때 먹어야 제일 맛있습니다. 멸치육수에 통마늘과 마른 고추를 넣어 얼큰한 맛을 조금 더하면 전체적으로 균형이 잘 맞아요. 냉국수에 쓰는 멸치는 비리면 절대 안 되니 비늘이 너무 많은 큰 멸치보다는 중멸치에 가까운 것을 쓰는 것이 좋습니다. 냉동고에 잘 보관해서 산패되지 않은 것을 쓰는 것도 중요하고요. 비린 멸치를 쓰느니 차라리 쓰지 않는 것이 더 나으니 조심해서 골라 써야 합니다.

만/들/기

1. 멸치는 머리와 내장을 떼고 냄비에 담아 볶는다. 구수한 맛이 나면 물을 붓고 통마늘, 마른고추를 넣고 15분 정도 끓여 체에 걸러 국간장으로 간을 맞춘다.
2. ①을 냉장고에 넣어 차갑게 식힌다.
3. 냄비에 물을 넉넉하게 붓고 소금을 조금 넣어 끓인다. 물이 펄펄 끓으면 국수를 펼쳐서 넣고 끓어오르면 찬물을 부어준다. 이렇게 두세 번 정도를 반복한 다음 국수 한 가닥을 건져 끊었을 때 가운데 흰 심이 보이지 않으면 찬물에 헹군 뒤 물기를 꼭 짜고 사리 지어 체에 받쳐 물기를 뺀다.
4. 냉장고에 넣어 차갑게 식힌 멸치국물에 열무김치국물을 섞은 다음 맛을 보아 싱거우면 소금으로 간을 맞춘다.
5. 그릇에 국수를 담고 열무김치 건더기를 얹은 후 ④의 국물을 살그머니 붓는다.

양념육 요리

갈비찜 | 매운 갈비찜 | LA갈비볶음밥 | 궁중떡볶이 | 떡찜 | 불고기전골 | 마파두부
소고기 김밥 | 우양지숙주볶음 | 우양지샐러드 | 우양지아스파라거스말이
잡채 | 주먹밥 | 또르띠아피자 | 토마토스튜 | 토시살햄버거 | 토시살파스타
햄버거스테이크샐러드 | 닭갈비볶음우동 | 닭갈비베이크

갈비찜

냉동고에 넣어두었던 갈비찜은 먹기 전날 냉장고로 옮겨 해동시켜 사용한다. 채소를 넉넉하게 넣어 조리하면 좀 더 맛있고 건강하게 즐길 수 있다. 국물이 어느 정도 졸여져야 윤기가 나고 맛이 나는 음식이므로 한 시간 이상 넉넉하게 시간을 두고 준비한다.

/주재료/
갈비찜 2봉(1kg)

/부재료/
무 250g
당근 ½개
마른 표고버섯 6개
밤 5개
대추 3개
은행 8개
물 1컵

 요리 고수의 비법

갈비살이 뼈에서 쏙 빠질 정도로 푹 무르게 익히자면 아무래도 일반 솥이나 냄비보다는 압력솥이 편리합니다. 해동시킨 제품을 담고 물을 조금 더해서 끓이는데 두 팩에 한 컵 정도가 적당해요. 세 팩 이상으로 늘어나면 물을 넣지 않아도 국물이나 고기, 채소에서 나오는 수분만으로 충분합니다.

만/들/기

1. 무와 당근은 사방 2.5cm 크기로 자른 후 끝을 둥글려 가며 깎는다. 이렇게 해야 오랜 시간 익히는 동안 서로 부딪혀서 깨지거나 모양이 흐트러지는 것을 막을 수 있다.
2. 마른 표고는 미지근한 물에 담가 충분히 불린 다음 기둥을 떼어내고 4등분한다.
3. 밤은 껍질을 벗겨 준비하고 대추는 씨를 발라내고 돌려 깎아 2등분한다.
4. 은행은 팬에 볶은 후 속껍질을 벗긴다.
5. 손질한 무와 당근은 끓는 물에 살짝 데쳐 건진다.
6. 압력솥에 갈비를 담고 물을 부은 후 뚜껑을 닫은 다음 가스렌지에 올려 압력 조절추가 돌 때까지 끓인 다음 불을 끈다.
7. 김이 빠지면 뚜껑을 열고 준비한 채소를 넣은 다음 다시 뚜껑을 덮고 약불에 고기가 푹 무르도록 충분히 익힌다.
8. 고기가 익으면 뚜껑을 열고 강불에서 국물이 졸아들도록 끓인다.

매운 갈비찜

매콤한 갈비찜 특유의 맛은 고춧가루와 다진 마늘을 넉넉하게 넣어 만드는 양념장에 달려 있다. 청양고추로 만든 고춧가루를 조금 섞으면 더 칼칼한 맛을 낼 수 있다. 국물을 자작하게 남겨 밥 비벼먹기 좋도록 농도를 조절하는 것이 포인트.

/주재료/
갈비찜 2봉(1kg)

/부재료/
무 200g
당근 ½개
마른 표고버섯 4개
밤 5개
대추 3개
은행 8개
물 1컵

/매운 양념장/
고춧가루 4큰술
고추장 2큰술
참기름 1큰술
다진 마늘 1큰술
다진 파 2큰술
물엿 2큰술

 요리 고수의 비법

찜갈비에 매운 양념장을 넣어 졸이면 밥 비벼먹기 딱 좋은 매운 갈비찜을 만들 수 있습니다. 매운 찜을 할 때는 단맛을 더하기 위해 설탕이나 물엿을 조금 넣는데, 설탕을 넣으면 산뜻하긴 해도 윤기가 잘 돌지 않아 물엿을 쓰는 것이 낫더군요. 칼칼한 맛으로 즐기고 싶다면 다진 마늘을 좀 넉넉하게 넣고 물엿으로만 단맛을 냅니다. 단맛을 좋아한다면 설탕을 1~2큰술 정도 넣으면 됩니다.

만/들/기

1. 무와 당근은 사방 2.5cm 크기로 자른 후 끝을 둥글려 가며 깎아 준비한다.
2. 마른 표고는 미지근한 물에 담가 충분히 불린 다음 기둥을 떼어내고 4등분한다.
3. 밤은 껍질을 벗겨 준비하고 대추는 씨를 발라내고 돌려 깎아 2등분한다.
4. 손질한 무와 당근은 끓는 물에 살짝 데쳐 건진다.
5. 은행은 팬에 볶은 후 속껍질을 벗긴다.
6. 분량의 재료를 섞어 매운 양념장을 만든다.
7. 압력솥에 갈비를 담고 물을 부은 후 매운 양념장의 반을 넣고 뚜껑을 닫은 다음 가스렌지에 올려 압력조절추가 돌 때까지 끓인 다음 불을 끈다.
8. 김이 빠지면 뚜껑을 열고 준비한 채소와 나머지 양념장을 넣고 다시 뚜껑을 덮어서 약불에 고기가 푹 무르도록 충분히 익힌다.
9. 고기가 익으면 뚜껑을 열고 강불에서 국물이 자작하게 졸아들도록 끓인다.

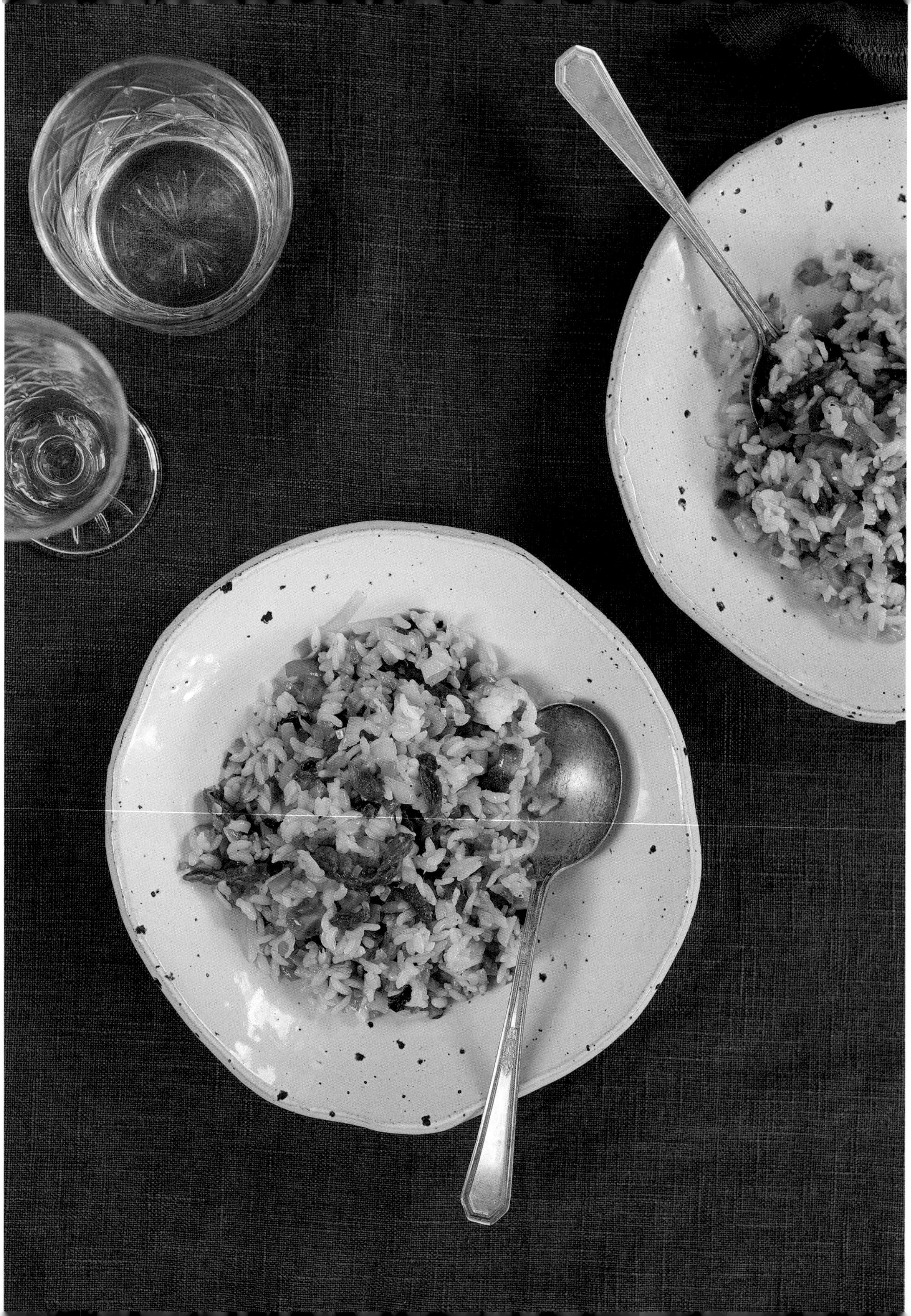

LA갈비볶음밥

이미 간이 되어 있는 LA갈비를 구워 밥과 함께 볶으면 특별한 솜씨가 없어도 풍미가 좋은 볶음밥을 만들 수 있다. 양파, 당근을 기본으로 해서 고추, 대파 등으로 색깔을 살리고 매콤한 맛을 좋아한다면 마지막에 청양고추를 썰어 넣는다. 한 팩을 모두 구워서 절반은 갈비구이로 즐기고 나머지는 볶음밥에 사용하면 적당하다.

/주재료/
LA 갈비 1팩(500g)
흰밥 2공기

/부재료/
당근 30g
양파 ½개
청고추 2개
대파 1대
식용유 적당량
간장 1큰술

~~~~~~~~~~~~~~~~~~~~~~~~~~~~~

만/들/기

1. 갈비를 180℃로 예열한 오븐에 10분 정도 굽거나, 뜨겁게 달군 팬에 기름을 두르고 굽는다.
2. 구운 LA갈비의 반을 덜어내서 뼈를 발라내고 살만 굵게 다진다. 나머지 반은 먹기 좋은 크기로 썬다.
3. 당근, 양파, 청고추는 다지고, 파는 송송 썰어 놓는다.
4. 팬을 달구어 식용유를 두르고 송송 썬 파를 넣어 먼저 볶다가 파향이 올라오면 다져 놓은 채소, 다진 고기, 흰밥을 넣어 고슬고슬하게 볶는다.
5. 마지막에 간장 1큰술을 두르고 볶아 향을 살린다.

⋆ 요리 고수의 비법

집에서 볶음밥을 하면 화력이 약하다 보니 밥이 뭉치거나 질척하게 볶아지기 십상입니다. 밖에서 사먹는 볶음밥은 불의 세기가 강한 상태에서 기름을 넉넉하게 두르고 단시간에 볶아서 고슬고슬한 거지요. 최대한 비슷한 식감을 내려면 우선 볶는 팬의 크기를 좀 넉넉한 것으로 준비하세요. 밥은 뜨거운 것보다는 조금 식은 것이 더 좋아요. 밥을 볶을 때 타지 않을 정도의 중불에서 시간을 넉넉하게 두고 코팅을 해준다는 느낌으로 볶아보세요. 우선 주걱을 이용해 수직으로 끊듯이 밥알을 풀어주고 천천히 볶아주면 윤기가 돌면서 밥알이 탱글탱글하게 살아납니다.

양념육 요리

궁중떡볶이

한 끼 식사, 반찬, 술안주 등 어떤 용도로 활용해도 모두 어울리는 한그릇. 갈비 맛이 배어 든 가래떡의 달달하면서도 짭조롬한 맛은 남녀노소 누구나 좋아한다. 유장에 버무린 떡을 미리 프라이팬에서 한 번 튀기듯 구워 사용해도 색다른 맛을 낸다.

/주재료/
가래떡 500g
양념 LA갈비 200g

/부재료/
숙주 100g
당근 ⅓개(60g)
양파 ⅓개(60g)
실파 3대(30g)
식용유 적당량

/유장/
간장 1작은술
참기름 1큰술

/간장양념장/
간장 2큰술
물 1큰술
설탕 1큰술
참기름 1큰술
깨소금 1큰술

 요리 고수의 비법

궁중떡볶이는 설날에 쓰고 남은 가래떡으로 만들어야 제격인데 요즘은 따로 가래떡을 뽑을 일이 별로 없지요. 손가락 굵기의 떡볶이용 떡은 썰지 말고 끓는 물에 데쳐서 기름장에 버무려 씁니다. 말랑말랑하다면 그대로 유장에 버무리면 되고요. 고명으로 달걀지단을 곱게 채썰어 얹고 실고추를 곁들이면 손님상에 놓거나 모임음식으로 써도 좋아요.

만/들/기

1. 가래떡은 5cm 길이로 자른 다음 열십자로 4등분해 간장과 참기름을 섞은 유장에 버무린다.
2. 숙주는 머리와 꼬리를 떼고 끓는 물에 살짝 데친 다음 찬물에 헹궈 물기를 꼭 짠다.
3. 당근은 4×1×0.3cm 크기로 썰어 소금물에 데치고 양파는 가늘게 채썬다. 실파는 4cm 길이로 썬다.
4. 분량의 재료를 섞어서 간장양념장을 만든다.
5. 뜨겁게 달군 팬에 식용유를 두르고 양념된 LA갈비를 적당한 크기로 썰어 익힌 뒤 떡을 넣고 섞으며 볶는다.
6. 숙주, 당근, 양파, 실파를 넣고 살짝 더 볶은 다음 간장 양념장으로 간을 맞춘다.

떡찜

굵은 가래떡과 동그랗게 모양을 살려 다듬은 무, 표고, 은행 등을 넣어 조리듯이 찐 음식. LA갈비를 구운 후 간장 양념을 더해 함께 조리면 고기의 맛이 쏙쏙 배어 들어간 무와 표고버섯이 밥도둑 역할을 톡톡히 한다.

/주재료/	/양념장/
흰떡 500g	간장 5큰술
LA갈비 300g	설탕 3큰술
	물엿 3큰술
/부재료/	다진 파 1큰술
	다진 마늘 1작은술
무 200g	청주 1큰술
표고 3개	참기름 1큰술
은행 5개	깨소금 1큰술
물 10컵	후춧가루 약간

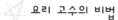

요리 고수의 비법

떡찜은 원래 굵은 가래떡을 데쳐서 가운데 부분에 칼집을 내고 소고기, 표고버섯, 당근, 홍고추 등을 채썰어서 양념해 볶아 채운 다음 뭉근하게 익힌 음식입니다. 손이 많이 가는 고급 음식이라 예전에는 정월에 세배를 오는 손님상에나 올리던 음식이지요. 하지만 LA갈비를 활용해 손쉽게 만들 수 있어요. 무와 은행, 표고 등을 넣어 조리듯이 익히면 깔끔하면서도 고급스러운 손님초대 음식을 만들 수 있습니다.

만/들/기

1. 무는 밤알 크기로 사방을 돌려가며 깎아 모양을 낸다.
2. 표고버섯은 불려서 4등분해 썬다.
3. 은행은 전자렌지에서 익히거나 약한 불에서 구운 다음 속껍질을 문질러 벗긴다.
4. 코팅된 두툼한 냄비에 양념된 LA갈비를 넣어 익힌다.
5. 익힌 LA갈비는 건져내고 물을 부어 끓이다가 다듬은 무를 통째로 넣어 살캉할 정도로 삶아 건진다. 육수는 걸러둔다.
6. 준비한 재료를 섞어 양념장을 만든다.
7. 굵은 가래떡은 4~5cm 길이로 썰고 다시 반으로 가른 다음 뜨거운 물에 말랑말랑하게 데친다.
8. 냄비에 떡과 무, 표고버섯을 넣고 양념장을 뿌린 다음 걸러낸 육수를 부어 중불에서 자작자작하도록 조린다.
9. 떡과 무에 간이 고루 배고 알맞게 익으면 그릇에 담고 은행을 곁들여 낸다.

불고기전골

시판 양념 불고기에 슴슴하게 준비한 육수를 부어 끓이는 국물음식. 여러 가지 재료를 준비하기가 어렵다면 알배추와 버섯 두 가지 정도만 넣고 만들어도 충분하다. 고기가 익으면서 거품이 떠오르는데 거둬내고 끓여야 깔끔한 국물맛을 볼 수 있다.

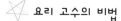

요리 고수의 비법

식탁 위에서 보글보글 끓이면서 먹는 전골은 중간에 국물을 첨가하면서 먹어야 하므로 미리 육수를 여유 있게 준비해 두면 좋아요. 떡국 떡이나 불린 당면을 중간에 넣어가며 먹어도 좋은데, 간편하게 먹고 싶다면 뚝배기에 당면과 버섯, 대파만 넣고 뚝배기 불고기처럼 끓여도 됩니다.

/주재료/
양념 불고기 1팩(250g)

/부재료/
표고버섯 3개
느타리버섯 60g
배추 150g
당근 50g
실파 30g
양파 ½개

/육수/
물 4컵
청장 1큰술
소금 ½큰술

/양념장/
간장 1큰술
설탕 ½큰술
다진 파 1큰술
다진 마늘 1큰술
참기름 1큰술
후춧가루 약간

만/들/기

1. 양념 불고기는 자연 해동시켜 준비한다.
2. 표고버섯은 기둥을 제거한 뒤 채썰고, 느타리버섯은 결대로 가늘게 찢는다.
3. 배추와 당근은 5×1×0.2cm 크기로 납작하게 썬다.
4. 실파는 5cm 길이로 썰고, 양파는 길이대로 채썬다.
5. 분량의 재료를 섞어 팔팔 끓여 육수를 준비한다.
6. 불고기 국물 남은 것과 분량의 재료를 섞어 양념장을 만든다.
7. 전골냄비에 양념 불고기와 준비한 채소를 고루 담고 육수의 반을 부은 후 ⑥의 양념장을 조금 덜어 붓고 끓인다.
8. 중불에서 끓여가며 먹고 국물이 부족하면 나머지 육수를 붓고 남은 양념장도 넣어 간을 맞춘다.

마파두부

볶은 돼지고기나 쇠고기 대신 냉동 햄버거스테이크를 넣어 간편하게 만드는 덮밥 요리. 돼지기름으로 만드는 고추기름인 라유를 넣으면 풍미가 좋지만 구하기 어렵다면 올리브유나 식용유를 이용해도 충분하다.

/주재료/
냉동 햄버거스테이크 2봉(300g)
두부 1모(420g)

/부재료/
송송 썬 대파 ½컵
굵게 다진 마늘 2큰술
다진 생강 1작은술
다진 풋고추 ½컵
다진 홍고추 2큰술
양파 ½개
참기름 1큰술
후춧가루 약간

/볶음양념장/
간장 1큰술
두반장 1큰술
설탕 1큰술
청주 2큰술
라유(고춧기름) ½컵

/물녹말/
녹말 2큰술
물 2큰술

⚘ 요리 고수의 비법

두부를 기름에 튀겨 식감을 살린 마파두부예요. 칼로리가 걱정된다면 두부를 끓는 물에 데쳐 사용해도 무방합니다. 두반장을 넣어야 제대로 된 맛이 나지만 집에 없다면 간편하게 고추장과 볶음양념장을 섞어 써도 비슷한 맛을 낼 수 있습니다. 라유는 끓는 기름 1컵에 고춧가루 2큰술, 생강편 2쪽, 어슷썬 대파 1컵 정도를 넣고 잠시 두었다가 고운 체에 걸러낸 것으로 구수한 맛이 돌아 볶음밥에 넣어도 좋아요.

만/들/기

1. 두부는 사방 1cm로 깍둑 썰어 달구어진 기름에 노릇하게 튀긴다.
2. 냉동 햄버거스테이크는 두부 크기로 썬다.
3. 양파는 0.5cm 크기로 썰고 대파, 마늘, 생강, 홍고추, 풋고추는 굵게 다진다.
4. 간장, 두반장, 설탕, 청주를 합하여 양념장을 만든다.
5. 분량의 재료를 섞어 물녹말을 만든다.
6. 프라이팬에 라유를 두르고 송송 썬 대파와 양파, 다진 마늘, 다진 생강을 넣어 천천히 볶아 향이 나면 ②의 햄버거스테이크를 넣고 볶는다.
7. 햄버거스테이크가 익으면 볶음 양념을 넣고 다시 한 번 볶은 다음 물 ½컵을 넣고 끓이다가 튀겨 놓았던 두부를 넣고 물녹말을 넣은 다음 엉기지 않도록 재빨리 섞는다.
8. 걸쭉한 농도가 되고 맛이 어우러지면 참기름과 후춧가루를 넣고 불을 끈다.

소고기김밥

양념 토시살을 굵게 다져서 김밥 속 재료로 활용한다. 국물을 따라버리고 구우면 간이 딱 맞는다. 단촛물에 오이를 절였다가 넣으면 새콤달콤해서 입맛을 돋운다. 미리 구워서 판매하는 김밥용 김을 사면 쉬질어지지 않고 깔끔해 시간이 좀 지난 후에 먹어도 김 비린내가 나지 않는다.

✎ **요리 고수의 비법**

속 재료도 중요하지만 김밥의 맛을 결정짓는 핵심은 역시 밥짓기입니다. 쌀을 씻어 건진 상태에서 최소한 30분 정도 두었다가 밥을 짓는 게 중요해요. 물에 씻는 동안 수분을 흡수한 상태이므로 따로 물에 담가서 불리지 않아도 됩니다. 밥물은 불리기 전 쌀의 무게와 동량으로 잡으면 실패할 염려가 없지요. 김밥을 쌀 때는 밥이 두껍게 뭉치지 않도록 김 위에 골고루 펴주는 것이 중요합니다.

/주재료/

흰밥 4공기
양념 토시살 1팩(200g)

/부재료/

구운 김 4장
단무지 4줄
오이 ⅔개
당근 ½개
달걀 3개
참기름 2큰술
소금 1작은술

/단촛물/

식초 ⅔큰술
설탕 ⅔큰술
물 ⅔큰술
소금 적당량

～～～～～～～～～～～～～～～～～～～～～～

만/들/기

1. 고슬고슬하게 지은 밥을 한 김 식힌 후에 소금과 참기름을 넣고 버무린다.
2. 토시살은 미리 해동시켜 두었다가 양념 국물을 따라버리고 뜨겁게 달군 팬에 구워 식힌 후 곱게 다진다.
3. 단무지는 김 길이에 맞춰 썬 뒤 다시 연필 굵기로 썬다.
4. 오이는 단무지와 같은 길이로 썰어 씨를 빼고 연필 굵기로 썬다. 단촛물에 오이를 30분 정도 담가 살짝 절인 뒤 물기를 제거한다.
5. 당근은 곱게 채썰어 소금을 넣고 팬에 볶아 식힌다.
6. 달걀은 소금을 조금 넣고 풀어서 도톰하게 부쳐서 오이와 같은 굵기로 썬다.
7. 김의 매끄러운 부분이 김발에 마주하도록 놓는다. 양념한 밥 1컵을 김 중앙에 올린 다음 김 윗부분의 ¼을 남기고 나머지 부분에 넓게 편다.
8. 밥 가운데에 소고기, 단무지, 오이, 당근, 달걀을 나란히 놓는다. 김발을 안쪽부터 말면서 꼭꼭 누른다.
9. 칼에 참기름을 바르고 1cm 두께로 동글게 썬다.

87

양념육 요리

우양지숙주볶음

'우삼겹'이라고도 불리는 우양지는 대패삼겹살처럼 얇게 썬 것이 특징인데 기름이 많아 고소한 맛이 난다. 살짝 볶아 아삭아삭한 맛을 살리는 숙주볶음에 베이컨 대신 넣으면 맛이 잘 어우러진다. 홈쇼핑이나 온라인 판매를 통해 구입하면 양념소스가 함께 들어 있어 편리하게 사용할 수 있다.

/주재료/
우양지 1봉(200g)
숙주 400g

/부재료/
마른고추 1개
생강 3g
실파 10g

/양념 /
우양지구이 소스 3큰술
다진 마늘 1큰술
참기름 1큰술
깨소금 ½큰술
후춧가루 · 소금 약간씩

 요리 고수의 비법

숙주볶음은 반찬으로 먹어도 맛있지만 따끈한 밥 위에 얹어 덮밥으로 내면 간단한 한 끼가 됩니다. 매콤한 맛을 좋아한다면 고추기름을 조금 넣어도 좋아요. 숙주를 볶을 때는 물기가 생기지 않도록 센 불에서 단번에 볶아내야 합니다. 숙주는 부피가 크기 때문에 작은 프라이팬에 볶으면 넘쳐서 힘들 수 있으니 깊이가 좀 있는 프라이팬이나 웍을 사용하는 것이 깔끔합니다.

만/들/기

1. 숙주는 씻어서 건져 물기를 뺀다.
2. 마른 고추는 1cm 길이로 자르고 생강은 곱게 채썬다. 실파는 송송 썬다.
3. 팬을 뜨겁게 달군 다음 우양지를 넣어 볶다가 고소한 기름이 녹아 나오면 마른 고추, 생강채를 넣고 볶아 향을 낸다.
4. 고기가 익으면 숙주를 넣고 재빨리 볶다가 우양지 구이 소스, 다진 마늘을 넣고 숙주의 숨이 살짝 죽을 정도로만 볶고 불을 끈다.
5. ④에 참기름, 깨소금, 후춧가루, 소금을 넣어 마무리 한다. 접시에 담고 실파를 뿌려 낸다.

우양지샐러드

다이어트를 위해 샐러드만으로 식사를 해야 한다면 얇게 썬 우양지에 신선한 채소와 과일을 섞어 만드는 우양지샐러드가 제격이다. 바싹 구워 기름을 뺀 우양지에 직접 만드는 키위 드레싱을 끼얹으면 소화에도 도움이 된다.

/주재료/
우양지 2봉(400g)

/부재료/
양상추 100g
사과 ½개
오이 ½개
블루베리 20g

/키위드레싱/
키위 1개
올리브 오일 3큰술
발사믹 식초 1큰술
소금 · 흰 후춧가루 약간씩

만/들/기

1. 사과는 씻어서 4등분한 다음 씨를 발라내고 껍질째 저며 썬다.
2. 오이는 씻어서 반 갈라 어슷썬다.
3. 양상추는 흐르는 물에 씻어 건져 한입 크기로 뜯어 물기를 빼둔다.
4. 우양지는 뜨겁게 달군 팬에 바싹하게 굽고 키친타월에 올려 기름을 뺀다.
5. 키위는 껍질을 벗기고 나머지 재료들과 섞어 믹서에 갈아 키위 드레싱을 만든다.
6. 샐러드 재료들을 냉장고에 넣어 차게 두었다가 접시에 담고 키위 드레싱을 뿌린 다음 블루베리를 얹어 장식한다.

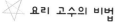 **요리 고수의 비법**

우양지를 바싹하게 구워 키친타월로 기름을 없애면 샐러드 재료로 좋은데 좀 더 부드럽게 먹고 싶다면 끓는 물에 데쳐서 씁니다. 마요네즈 소스 대신 올리브 오일과 발사믹 식초로 간편하게 드레싱을 만들면 칼로리 걱정을 줄일 수 있어요. 동봉된 우양지볶음 소스에 올리브 오일, 레몬즙, 꿀 등을 넣어 오리엔탈 드레싱을 만들어 사용해도 좋습니다.

우양지 아스파라거스말이

맥주 안주와 밥 반찬 모두 잘 어울린다. 아스파라거스 크기가 크다면 끓는 물에 밑동을 살짝 담갔다가 빼내는 방법으로 데쳐주는 것이 좋다. 맨 위 새순은 부드러워 쉽게 부러질 수 있으니 살살 다뤄야 한다.

/주재료/
우양지 2봉(400g)
아스파라거스 12개

/부재료/
소금 · 후춧가루 · 전분 · 식용유 적당량씩

/소스 재료/
우양지구이 소스 3큰술
참기름 1큰술
물 2큰술
후춧가루 약간씩

 요리 고수의 비법

아스파라거스 외에도 호박, 버섯, 가지, 피망 등을 직화로 구워 곁들여 먹어도 좋아요. 아스파라거스를 살 때는 너무 굵지 않은 것을 골라야 아삭아삭한 맛을 즐길 수 있습니다. 혹시 아스파라거스가 남았다면 물컵에 물을 받아 그대로 꽂고, 윗부분을 랩으로 감싸서 냉장고에 보관하세요. 2~3일은 싱싱한 상태가 유지됩니다.

만/들/기

1. 아스파라거스의 밑동을 자르고 겉껍질을 손질한다.
2. 냉동 우양지는 해동시켜 키친타올로 핏물을 닦은 후 소금과 후춧가루로 밑간한 다음 전분을 한쪽 면에 고루 묻혀서 턴다.
3. 우양지 한 쪽 끝에 아스파라거스 기둥을 놓고 돌려가면서 말아준다.
4. 프라이팬을 달군 후 기름을 약간 두르고 아스파라거스말이를 놓아 끝 부분이 풀리지 않도록 익힌 후 나머지 부분을 골고루 돌려가며 익혀 그릇에 담는다.
5. 아스파라거스말이를 익히고 난 프라이팬에 소스 재료를 넣고 약한 불에서 바글바글 끓여 농도를 조절한 후 아스파라거스말이에 끼얹는다.

93

잡채

미리 양념이 된 토시살을 넣어 전체적인 맛을 잡아준다. 일반 당면도 좋지만 넓적한 당면이나 중국 당면을 활용해 만들면 쫀득거리는 식감이 좋아진다.

/주재료/
토시살 200g
당면 100g(불린 후 250g)

/부재료/
오이 ½개
양파 ½개
당근 50g
표고버섯 3개
달걀 1개
소금 · 식용유 적당량

/당면 양념/
간장 2큰술
설탕 1큰술
참기름 1큰술

 요리 고수의 비법

당면은 건면 상태에서 바로 삶아서 쓰는 것보다 미리 불린 다음 짧은 시간 삶아서 쓰는 편이 식감이 더 낫습니다. 귀찮더라도 삶은 다음 한 번 더 볶으면 쫀득쫀득한 맛이 살아나고 보관하더라도 덜 불어서 좋습니다.

만/들/기

1. 토시살은 가늘게 채썰어 키친타월로 핏물을 닦는다.
2. 오이는 4cm 길이로 토막 낸 다음 반 갈라 씨 부분을 제거하고 채썬다.
3. 양파 · 표고버섯은 모양대로 채썰고, 당근은 4cm 길이로 채썬다.
4. 마른 당면은 미지근한 물에 담가 20분 정도 불린다.
5. 달걀은 노른자와 흰자로 나누어 각각 얇게 부쳐 지단을 만든다.
6. 뜨겁게 달군 팬에 식용유를 두르고 오이, 양파, 표고버섯, 당근을 순서대로 볶는다. 센 불에서 소금 간을 약간씩 하면서 각각 재빨리 볶아 꺼낸다.
7. 팬에 식용유를 조금 두르고 토시살을 채썬 모양대로 볶는다.
8. 불린 당면은 끓는 물에 넣어 3분간 삶아 건져 물기를 뺀다. 팬에 식용유를 두르고 삶은 당면과 당면 양념을 넣어 5분간 볶는다.
9. 볶은 채소, 고기, 당면을 한데 섞어 무친 다음 그릇에 담고 지단을 올려낸다.

주먹밥

도시락이나 나들이 음식으로 간편하게 준비할 수 있는 주먹밥은 단촛물 없이 참기름만 넣어 고소한 맛을 살린다. 우엉조림을 하는 것이 번거롭다면 김밥 재료로 시판되고 있는 우엉조림을 사서 잘게 다져 사용해도 된다.

/주재료/
양념 토시살 ½팩(100g)
흰밥 4공기
참기름 1큰술

/부재료/
잔 멸치 60g
참깨 4작은술
구운 김 2장
우엉 120g
후리가케 약간

/우엉 볶음장 /
간장 1½큰술
물엿 1큰술
식용유 1큰술

✐ 요리 고수의 비법

주먹밥을 할 때는 밥이 너무 고슬고슬하면 쉽게 흩어지고 너무 질면 모양이 잘 살지 않습니다. 그러니 밥물을 잘 잡는 것이 중요한데, 보온밥통에 보관해 놓았던 밥보다는 갓 지어서 한 김 식힌 밥을 사용하는 것이 잘 뭉쳐지고 묵은 냄새가 없어 좋아요. 개운하게 먹고 싶다면 잘게 다져서 물기 없이 꼭 짠 김치에 설탕과 참기름 약간을 넣어 무친 다음 섞어 넣어도 맛있습니다.

만/들/기

1. 뜨거운 밥에 참기름을 넣어 주걱으로 버무리고 한 김 식힌다.
2. 토시살은 미리 해동시켜두었다가 양념 국물을 따라버리고 뜨겁게 달군 프라이팬에 바짝 구워 잘게 다진다.
3. 우엉은 껍질을 벗기고 식촛물에 잠시 담가두었다가 곱게 다진다. 팬에 우엉 조림장을 붓고 센 불로 끓이다 우엉을 넣고 약한 불에서 물기가 없어질 때까지 볶은 다음 접시에 펼쳐놓고 식힌다.
4. 잔멸치는 체에 한 번 털어서 잡티를 없앤 후 마른 프라이팬에 기름을 두르지 않고 볶는다.
5. 구운 김은 비닐봉투에 넣고 잘게 부순다.
6. 밥과 토시살, 멸치볶음, 우엉볶음, 후리가케를 섞은 다음 적당한 크기로 덜어 주먹으로 쥐어 모양을 낸다.

양념육 요리

또르띠아피자

두꺼운 피자 도우 대신 또르띠아를 사용해 만드는 피자로 칼로리 걱정 없이 간식이나 식사로 즐길 수 있다. 루꼴라를 구하기 어렵다면 시금치, 비타민 등을 사용해도 된다.

/주재료/
냉동 햄버거스테이크 2봉(300g)
또르띠아 3장

/부재료/
마늘 5톨
루꼴라 50g
방울토마토 10개
피자치즈 적당량
토마토소스 1컵
올리브오일 적당량

☆ 요리 고수의 비법

햄버거스테이크 대신 양념불고기를 구워서 얹어도 좋고 닭갈비살이 있다면 그걸 사용해도 됩니다. 재료가 간단한 대신 맛이 밋밋할 수도 있는데 튀긴 마늘이 풍미를 살리는 역할을 톡톡히 합니다. 블랙 올리브, 그린 올리브, 버섯류를 많이 올리고 올리브오일을 슬쩍 뿌려서 구우면 맥주 안주로 제격인 짭짤한 피자를 만들 수 있습니다.

만/들/기

1. 냉동 상태의 또르띠아는 실온에서 자연스럽게 해동시킨다.
2. 마늘은 얇게 슬라이스해서 올리브오일에 튀긴다.
3. 루꼴라는 씻어서 건져 물기를 뺀다. 방울토마토는 씻어서 모양을 살려 얇게 썬다.
4. 냉동 햄버거스테이크를 해동시켜 프라이팬에 구운 후 먹기 좋은 크기로 썬다.
5. 오븐 팬 위에 또르띠아를 올리고 토마토소스를 바른 다음 구운 햄버거스테이크, 튀긴 마늘, 방울토마토, 피자 치즈 등을 올린다.
6. 오븐을 170℃로 예열한 후 ⑤를 넣고 치즈가 노릇노릇해질 때까지 10분 정도 굽는다.
7. 먹기 직전에 루꼴라를 얹는다.

토마토스튜

오랫동안 익혀야 구수한 맛이 살아나는 양념 찜갈비를 활용한 서양 음식. 밥과 함께 먹어도 좋고 바게트나 치아바타 등의 담백한 빵을 곁들여 먹어도 맛있다. 만들고 하루 이상 지나면 더 맛있어지는 음식으로 넉넉하게 만들어 일부는 냉동고에 보관해두었다가 반찬 없는 날 꺼내 먹는다.

 요리 고수의 비법

생토마토 대신 시중에서 판매하는 홀토마토나 토마토 퓨레를 사용하면 좀 더 쉽게 맛을 낼 수 있습니다. 갈비찜 고기는 뼈에 붙어 있는 부분에서 맛 성분이 우러나오므로 시간을 두고 푹 끓이면 좋습니다.

/주재료/
토마토 2개
갈비살 300g

/부재료/
양파 ½개
당근 100g
마늘 5톨
샐러리 2줄기
감자 1개

/소스재료/
육수(갈비탕) 3컵
우스타 소스 1큰술
케첩 1큰술
월계수잎 5장
버터 1큰술
화이트 와인 ½컵
파슬리 가루 · 소금 · 후춧가루 약간씩

만/들/기

1. 토마토는 열십자로 칼집을 낸 후 뜨거운 물에 잠깐 담갔다가 건져 껍질을 벗기고 잘게 썬다.
2. 양파, 당근, 샐러리, 감자는 사방 1cm 크기로 깍둑 썬다.
3. 갈비찜 고기는 뼈가 저절로 빠지도록 압력솥에 푹 익혀 도톰하게 썬다.
4. 두툼한 냄비에 버터를 녹인 다음 양파, 당근, 마늘, 도톰하게 썬 ③의 고기와 감자를 넣고 센불에서 볶는다.
5. ④에 육수와 손질한 토마토, 월계수잎, 케첩, 우스타 소스 등을 넣고 30분 이상 푹 끓인다.
6. 고기와 채소의 맛이 어우러지고 국물이 자작하게 졸아들면 부드럽게 익혀 둔 고기와 화이트 와인을 넣어 한 번 더 끓인다.

토시살햄버거

두께감이 있지만 의외로 질기지 않고 연한 토시살을 햄버거 패티 대신 사용한다. 고기에 양념이 이미 되어 있어 굳이 소스를 만들지 않아도 싱겁거나 허전하지 않아 편리한 메뉴. 칼로리 걱정 없이 고소한 맛을 살리고 싶다면 햄버거 빵의 안쪽에 버터를 발라 굽는다.

/주재료/
양념 토시살 300g
햄버거 빵 2개

/부재료/
토마토 1개
적양파 50g
표고버섯 5개
양상추 50g
치커리 20g
슬라이스 치즈 2장
올리브유 · 소금 · 후춧가루 약간

 요리 고수의 비법

양념에 재워진 토시살을 구워 넣기 때문에 소스가 없어도 맛있게 먹을 수 있는 햄버거입니다. 토시살과 표고버섯, 적양파를 채썰어서 아예 함께 볶으면 모양은 그리 예쁘지 않아도 풍미는 훨씬 더 좋아집니다.

만/들/기

1. 햄버거 빵은 반으로 갈라 기름을 두르지 않은 팬에 살짝 굽는다.
2. 토시살은 양념국물을 따라내고 건더기만 프라이팬에 굽는다.
3. 표고버섯은 모양을 살려 썰고 소금과 후춧가루로 간한 다음 올리브유를 두른 팬에서 센 불로 물기 없이 볶는다.
4. 적양파는 링 모양으로 썰어 소금, 후춧가루를 뿌린 후 프라이팬에 기름을 약간 두르고 센불에서 굽는다.
5. 토마토는 0.5cm 두께로 모양을 살려 프라이팬에 굽는다.
6. 양상추와 치커리는 흐르는 물에 씻어 건져 물기를 뺀다.
7. 햄버거 빵의 아래쪽을 접시에 놓고 준비한 재료를 차곡차곡 얹은 다음 빵 윗부분으로 덮는다.

토시살파스타

토시살은 지방 함량이 적고 육즙이 진해서 구워 먹으면 육향을 제대로 느낄 수 있는 부위이다. 쫄깃쫄깃하지만 질기지는 않아서 토마토소스에 넣으면 짧은 시간에 깊은 맛을 낼 수 있다. 시판 토마토소스를 사용하면 되는데, 신선한 맛을 살리고 싶다면 잘 익은 방울토마토를 잘게 썰어서 넣는다.

 요리 고수의 비법

스파게티를 삶을 때는 심이 약간 남아 있을 정도로만 익히는 것이 좋아요. 소금을 넉넉하게 넣어 국수에서 간간한 맛이 느껴질 정도로 삶으면 적당합니다. 토시살이나 살치살 같은 소고기 특수부위는 맛이 좋은 대신 가격이 비싸고 일반 정육점에서 구입하기가 쉽지 않죠. 소량씩 포장된 제품을 구입해서 냉동고에 보관해두면 한 팩씩 꺼내서 음식에 사용하기 좋습니다.

/주재료/
양념 토시살 1팩(200g)
스파게티 200g
소금 약간

/부재료/
양파 1개
양송이 4개
마늘 2톨
당근 40g
올리브유 4큰술
화이트와인 ⅓컵

/토마토 소스 /
토마토 소스(시판용) 400g
방울토마토 ½컵
물 1컵
소금 · 후춧가루 약간

만/들/기

1. 양파, 당근, 통마늘은 각각 잘게 다지고 양송이는 반으로 자른다.
2. 양념 토시살은 미리 해동시켜 두었다가 양념 국물을 따라버리고 잘게 썰거나 다진다.
3. 프라이팬에 올리브유를 두르고 다진 마늘을 넣어 볶다가 양파, 당근을 넣어 볶는다.
4. 채소가 익으면 토시살을 잘게 넣어 볶다가 화이트와인을 뿌리고 더 볶는다.
5. 냄비에 시판 토마토소스를 붓고 잘 익은 방울토마토를 잘게 썰어 넣은 다음 물을 부어 끓인다.
6. ④를 냄비에 붓고 끓이다가 맛을 보아 싱거우면 소금을 넣어 간을 맞추고 양송이를 넣어 마무리한다.
7. 다른 냄비에 물 10컵에 소금 2작은술을 넣어 끓으면 스파게티면을 넣고 10분 정도 삶아 건진다.
8. 접시에 삶은 스파게티를 담고 소스를 뿌린다. 기호에 따라 파마산 치즈가루를 뿌려 먹는다.

햄버거스테이크샐러드

햄버거 스테이크에 신선한 채소를 넉넉하게 더해 만드는 건강식. 간장과 식초, 참깨 등을 넣어 만드는 참깨 마요 소스로 고소하면서도 새콤달콤한 맛을 살린다.

 요리 고수의 비법

햄버거 스테이크를 물기 없이 굽는 것이 중요합니다. 그래야 다른 채소들을 섞고 소스를 뿌려도 질척거리지 않아 산뜻하게 먹을 수 있으니까요. 구운 그대로 접시에 담고 채소를 곁들여도 좋고 굽자마자 한 입 크기로 썰어 먹기 편하게 준비해도 좋아요. 시중에서 판매하는 햄버거 스테이크는 몇 시간 두어도 기름이 끼지 않아 샐러드 도시락 재료로 제격입니다. 이때는 통에 담아도 좋지만 작은 꼬치를 활용해 익힌 햄버거 스테이크와 파프리카, 양파 등을 번갈아 끼워 만드는 것도 좋습니다.

/주재료/
시판 햄버거스테이크 2봉(300g)

/부재료/
양상추 100g
양파 50g
새싹채소 50g
파프리카 ½개
오이 ½개
견과류 20g
리코타 치즈 50g

/참깨 마요소스/
참깨 갈은 것 ½컵
마요네즈 ⅓컵
간장 ½큰술
설탕 ½큰술
식초 1작은술

만/들/기

1. 햄버거 스테이크는 프라이팬에 굽는다.
2. 양파는 곱게 채썰어 찬물에 담갔다가 건져 매운 맛을 없앤다. 새싹 채소는 찬물에 씻어 건져 물기를 뺀다.
3. 파프리카는 채썰고 오이는 반으로 갈라 어슷썬다. 양상추는 찬물에 씻어 건져 한입 크기로 뜯어 물기를 뺀다.
4. 분량의 재료를 섞어 참깨 마요소스를 만든다.
5. 샐러드용 볼에 준비한 재료들을 고루 담고 참깨마요소스를 뿌린 다음 견과류와 리코타치즈를 얹는다.

표고장조림

시판 장조림에 표고버섯과 마늘, 삶은 메추리알을 더하고 조림장을 더해 간간하게 조리면 훨씬 고급스러운 밑반찬이 완성된다. 장조림 고기를 모두 건져 먹고 국물만 남았을 때도 표고와 메추리알을 더 넣고 간장 양념을 더해 조리면 알뜰하게 먹을 수 있다.

/주재료/
시판 장조림 100g
표고버섯 5개

/부재료/
마늘 10톨
메추리알 10알

/조림장/
간장 2큰술
설탕 1½큰술
청주 ½큰술
마른 고추 1개
통후추 약간

~~~~~~~~~~~~~~~~~~~~~~~~~~~~~~~~~~~

만/들/기

1. 표고는 모양을 살려 0.5cm 두께로 썬다.
2. 마늘은 껍질을 벗기고 머리 쪽의 지저분한 부분만 칼로 잘라낸다.
3. 메추리알은 삶아서 껍질을 까놓는다.
4. 냄비에 장조림 국물을 붓고 마늘과 메추리알을 넣어 마늘이 익고 먹음직스러운 색이 돌 때까지 조린 다음 덜어 둔다.
5. 조림장 재료를 바글바글 끓이다가 다듬은 표고버섯을 넣어 맛이 들도록 조린다.
6. 표고버섯에 맛이 들면 ④의 마늘, 메추리알, 장조림 건더기를 넣어 다시 한 번 조린다.

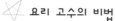 요리 고수의 비법

저희 집에서는 원래 짭조롬한 양념장에 표고버섯을 썰어 넣고 조린 반찬을 자주 만들어 먹었어요. 그러다 건더기를 건져 먹고 남은 장조림 국물이 아깝다는 생각에 두 가지 반찬을 합해 볼 생각을 했습니다. 시판 장조림은 아무래도 좀 싱거워서 아쉽다는 생각이 들었는데 이렇게 조림장을 더하고 마늘과 표고버섯, 메추리알까지 넣으니 고급스러우면서 푸짐한 밑반찬이 만들어졌답니다.

닭갈비볶음우동

맵지 않은 간장 양념 닭갈비에 우동과 채소를 넉넉하게 넣고 볶아내어 영양 균형을 잘 맞춘 한그릇 음식. 우동 대신 짬뽕용 생면을 넣어도 좋다. 떡국용 떡을 넉넉하게 넣고 같은 양념으로 볶아도 색다르게 즐길 수 있다.

/주재료/
닭갈비살(간장맛) 300g
우동면 300g

/부재료/
고구마 50g
양배추 잎 4장
당근 60g
마늘 5쪽
양파 ½개
대파 1대
식용유 2큰술
가쯔오부시 약간

/볶음소스/
간장 3큰술
설탕 1큰술
물엿 1큰술
다진 마늘 1큰술
청주 2큰술
깨소금 1큰술
참기름 1큰술
후춧가루 약간

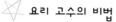 요리 고수의 비법

가쯔오부시는 가다랑어를 삶아 훈연한 것으로 상온에 두면 맛과 향이 변하므로 사용하고 남은 것은 지퍼백에 담아 냉동고에 보관하는 것이 좋아요. 우동면은 뜨거운 물에 살살 풀어서 사용해야 하는데, 급하다고 젓가락으로 풀다가는 끊어져서 볼품도 없어지고 식감도 나빠지니 주의해야 합니다.

만/들/기

1. 양념 닭다리 살은 5cm 크기로 큼직하게 썬다.
2. 고구마와 당근은 길이 5cm, 폭 1cm로 썰고 양배추, 양파, 대파는 1cm 굵기로 썬다.
3. 분량의 재료를 섞어 볶음소스를 만든다.
4. 우동 국수는 뜨거운 물에 담가 부드럽게 풀어준다. 굳었을 경우, 끓는 물에 데쳐서 물기를 빼 준비한다.
5. 뜨겁게 달군 팬에 식용유를 두르고 중간 불에서 양념한 닭다리 살과 채소를 넣어 타지 않게 저어가며 볶는다.
6. 닭다리 살이 완전히 익으면 삶아둔 우동 국수와 볶음 양념장을 넣어 충분히 볶고 가쯔오부시를 올린다.

닭갈비매운전골

고추장 양념이 된 닭갈비살로 만드는 전골요리. 떡, 당면, 쫄면, 라면 사리를 넣어 끓이면 더욱 푸짐하게 즐길 수 있다. 건더기를 다 건져먹고 국물을 더 부은 다음 양념장을 풀고 칼국수를 넣어 끓여 먹어도 별미. 들큼한 맛이 나지 않도록 양념장에 설탕이나 물엿은 넣지 않는다.

/주재료/
양념 닭갈비살 200g

/부재료/
버섯(새송이 · 표고 · 느타리 · 팽이) 100g
숙주 150g
당근 50g
대파 2대
양파 ½개
청양고추 1개
칼국수 적당량

/전골국물/
물 4컵
국간장 1큰술
소금 ⅓큰술

/양념장/
고추장 2큰술
고춧가루 2큰술
간장 1큰술
다진 마늘 1큰술
청주 2큰술
후춧가루 약간

✦ 요리 고수의 비법

양념닭갈비를 구워먹기만 할 것이 아니라 육수를 부어 끓이면 의외로 개운하고 얼큰한 전골을 손쉽게 만들 수 있습니다. 국물은 굳이 고기로 맛을 내지 않아도 되므로 그때그때 있는 재료로 만들면 됩니다. 양파나 무, 대파, 마늘 등을 넣어 끓여 거른 채수를 활용하면 가장 맛있지만, 맹물을 붓고 국간장으로 간을 맞춰도 괜찮습니다.

만/들/기

1. 닭갈비살은 2cm 크기로 먹기 좋게 썬다.
2. 버섯은 모두 씻은 후, 표고버섯은 기둥을 제거한 뒤 채썰고, 느타리버섯은 결대로 가늘게 찢는다. 팽이버섯은 기둥을 떼어내고 뜯는다.
3. 당근은 길이 5cm, 폭 1cm로 썰고 숙주는 씻어서 건져 물기를 뺀다. 양파, 대파는 1cm 굵기로 썬다. 청양고추는 링모양으로 썬다.
4. 전골 국물 재료를 모두 섞어 간을 싱겁게 해 한 번 끓인다.
5. 분량의 재료를 섞어 양념장을 만든다.
6. 전골냄비에 양념 닭갈비살과 준비한 채소, 버섯을 골고루 담고 뜨거운 국물을 돌려 붓는다.
7. ⑥을 끓이다가 닭갈비살과 채소가 익으면 맛을 보고 싱거우면 미리 준비한 양념장을 입맛에 맞게 조금씩 넣어가며 간을 조절해 한소끔 끓여 먹는다.

양념육 요리

닭갈비베이크

프라이팬에 볶아 먹는 양념 닭갈비의 매콤한 맛을 모차렐라 치즈의 부드러운 맛이 잡아줘 궁합이 잘 맞는다. 사워크림이나 블랙올리브, 할라피뇨를 곁들여 먹으면 더 맛있다. 닭갈비 대신 양념 불고기를 볶아서 넣어 만들어도 좋다.

/주재료/
양념 닭갈비살 100g
또르띠아 2장

/부재료/
파프리카 ½개
양파 50g
토마토 ½개
모짜렐라 치즈 1컵
식용유나 버터 적당량

 요리 고수의 비법

프라이팬에 구울 때 불을 너무 세게 하면 또르띠아가 금방 타버리니 시간이 걸리더라도 불을 약하게 해서 굽는 것이 중요합니다. 중간에 뒤집을 때는 내용물이 빠지지 않도록 주의해야 하고 프라이팬 크기에 맞는 뚜껑을 덮고 구우면 좀 편해요. 미니 오븐을 사용해도 됩니다. 또르띠아에 속 재료를 올리고 그 위에 다른 또르띠아를 올려 구우면 퀘사디어를 손쉽게 만들 수 있습니다.

만/들/기

1. 파프리카와 양파, 토마토는 작은 크기로 깍뚝 썬다.
2. 토마토는 잘게 썰고 체에 받쳐 물기를 뺀다.
3. 팬을 달구고 버터를 두른 다음 양파를 넣어 볶다가 토마토와 양념된 닭갈비살을 볶는다.
4. 김이 오른 찜통에 또르띠아를 30초 정도 쪄서 부드럽게 만들고 닭갈비살, 토마토와 양파볶음 등을 가운데에 놓는다.
5. ④에 피자치즈를 뿌린 다음 사방 가장자리를 접어 올려 돌돌 말듯이 모양을 잡아가면서 싼다.
6. 기름을 두르지 않은 프라이팬에 또르띠아 말이를 놓고 중불에서 치즈가 익을 때까지 천천히 앞·뒷면을 익힌다.

115

박미란 고수의 양념장

몇 가지 양념장을 미리 만들어서 냉장고에 보관해두고 숙성시키면 찌개나 조림 등을 만들 때 손쉽게 깊은 맛을 낼 수 있다. 비빔국수나 마파두부처럼 자주 해먹는 한 그릇 음식 역시 미리 양념장을 만들어두면 음식 만드는 시간이 반으로 줄어든다. 다섯 번 해먹을 정도만 만들어서 유리병이나 밀폐용기에 담아 보관할 수 있는 양념장 레시피를 소개한다.

양념간장
간장 1½컵, 다진 마늘 1½큰술, 고춧가루 3큰술, 통깨 5큰술, 참기름 5큰술, 후춧가루 1작은술

초고추장
고추장 ½컵, 설탕 ⅓컵, 식초 ½컵, 다진 파 1작은술, 다진 마늘 1큰술, 다진 파 2큰술.

고추장찌개
고추장 5큰술, 고춧가루 ¾컵, 간장 ¾컵, 다진 파 5큰술, 다진 마늘 2큰술, 다진 생강 ¾큰술, 참기름 2큰술, 후춧가루 1작은술

부대찌개
고춧가루 ¾컵, 국간장 5큰술, 고추장 5큰술, 청주 5큰술, 설탕 5큰술, 다진 마늘 5큰술, 다진 생강 1½큰술, 물 1½컵

우거지탕
된장 ½컵, 국간장 5큰술, 다진 파 ¾컵, 고춧가루 1½큰술, 다진 마늘 5큰술, 참기름 2½큰술

매운 갈비찜
고춧가루 1½컵, 고추장 ¾컵, 참기름 5큰술, 다진 마늘 5큰술, 다진 파 5큰술, 물엿 ¾컵, 후춧가루 1작은술

생선조림
간장 ¾컵, 설탕 5큰술, 고춧가루 1⅓컵, 후춧가루 1½큰술, 다진 마늘 1컵, 다진 생강 1½큰술, 청주 ¾컵

마파두부
간장 4큰술, 두반장 4큰술, 설탕 2½큰술, 청주 4큰술, 라유(고춧기름) 1컵

비빔국수
고춧가루 5큰술, 고추장 1½컵, 간장 ¾컵, 설탕 ¾컵, 물엿 ¾컵, 식초 1컵, 다진 파 ¾컵, 다진 마늘 2큰술, 참기름 5큰술, 깨소금 5큰술

요리하는 CEO
박미란 고수의 사업 및 방송 활동